BASISWISSEN
AKTUELL

Gisela Maler-Sieber

Verhaltensforschung

Eine Einführung

LEXIKOTHEK
VERLAG

Redaktion: Birgit-Kristina Seide M.A. und Ursula Rzepka
Zeichnungen: Peter Koch, Jürgen Ritter, Hermann Schäfer
Einband: HTG-Werbung Tegtmeier + Grube KG
Layout: Raimund Post

Gesamtherstellung Mohndruck Graphische Betriebe GmbH, Gütersloh
Printed in Germany
ISBN 3-570-03396-1

Inhalt

Das angeborene Können

Ein Hühnerküken, das gerade aus dem Ei geschlüpft ist, kann laufen und auf dem Boden scharren, nach Körnern picken und trinken. Es flüchtet vor Raubvögeln zur Glucke, ruft laut, wenn es sich verirrt hat, und schüttelt sich, wenn es naß geworden ist. Ein frisch geschlüpftes Entlein dagegen schüttelt sich keineswegs, wenn es mit Wasser in Berührung kommt; im Gegenteil, es benimmt sich, als sei es bereits im Wasser zur Welt gekommen, schwimmt, taucht, »gründelt« und fettet sein Gefieder ein, ohne daß es dies von irgend jemandem gezeigt bekommen hätte.

Wird ein Entenküken von einem Huhn ausgebrütet, so zeigt es alle entengemäßen Verhaltensweisen, den aufgeregten Warnrufen seiner Pflegemutter zum Trotz; umgekehrt wird eine Entenmutter sich vergeblich bemühen, ein unter ihre Kükenschar geratenes Hühnchen ins Wasser zu locken. Es gibt also, das zeigt die unbefangene Beobachtung ebenso wie der wissenschaftliche Versuch, Verhaltensweisen, die einem Lebewesen angeboren sind. Sie funktionieren ohne jede Anleitung, ohne Vorbild, ohne individuelle Lernvorgänge, und man bezeichnet sie als Instinktbewegungen oder Erbkoordination.

Instinktbewegungen

Im Gegensatz zu dem, was der Volksmund unter instinktivem Verhalten versteht, meinen beide Begriffe aufeinander abgestimmte Verhaltensabläufe, die weit mehr sind als die unwillkürliche Reaktion auf einen Reiz. So halten wir Menschen »instinktiv« die Luft an, wenn wir unter Wasser geraten, oder wir schrecken zurück, wenn sich ein Abgrund vor uns auftut. Aber ein so weitgehend instinktgesteuertes Verhalten, wie wir es bei Tieren finden, suchen wir beim Menschen vergeblich.

Bleiben wir noch einen Augenblick beim Küken, das so erstaunlich »fertig« auf die Welt kommt, ganz gleich, ob es einer Haus- oder Wildvogelart angehört. Bereits vor dem Schlüpfen verfügt es über eine Instinktbewegung, mit der es die Eischale aufsprengt. »Die Bewegung des Kopfes, mit welcher der Eizahn von innen her gegen die Eihülle gedrückt wird«, so beschreibt einer der Väter der Verhaltensforschung, Professor Konrad Lorenz, das Schlüpfen seiner später berühmt gewordenen Graugans Martina, »bewirkt nicht nur ein Aufknacken der Schale, sondern hat auch eine Bewegung des zusammengerollt darin liegenden Vögelchens zur Folge, das sich auf diese Weise langsam und ruckweise um die Längsachse des Eies dreht. Der Eizahn bewegt sich also auf einem ›Parallelkreise‹ innen an der Eischale entlang und bricht auf dieser Linie eine zusammenhängende Reihe von Lücken, bis schließlich, wenn der Kreis geschlossen ist, das ganze stumpfe Ende der Eischale von einer Streckbewegung des Halses abgehoben werden kann.«

Besonders verblüffend für den Beobachter sind Anpassungen bei Larven oder Puppen, die ihre

! Die Bewegungsabfolge des Schlüpfaktes, die nur einmal und sonst nie wieder gebraucht wird, gehört zu den sogenannten »frühontogenetischen Anpassungen«. Das bedeutet, daß Lebewesen zu einem frühen Zeitpunkt ihrer Entwicklung in einer Weise an ihre jeweilige Umwelt angepaßt sind, die sich später verliert, weil sie überflüssig geworden ist oder weil das betreffende Lebewesen inzwischen Gestalt, Lebensweise und Umwelt gewechselt hat.

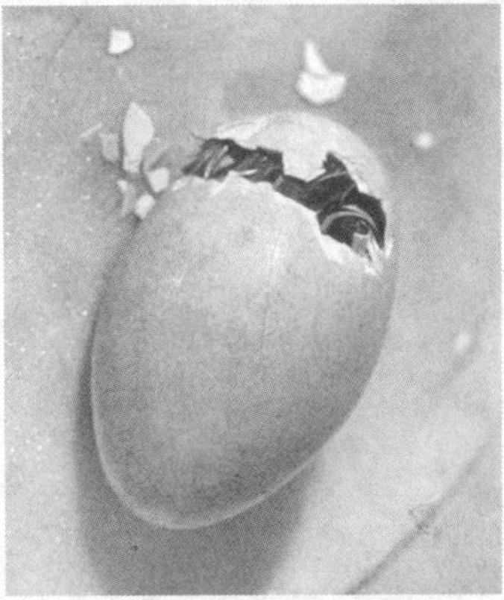

Aktivitäten nicht für sich selbst, sondern für die aus ihnen entstehenden Schmetterlinge und Käfer entfalten. So hat beispielsweise der Erbsenkäfer keine Werkzeuge, um sich den Weg aus der Erbse, in der er heranwächst, ins Freie zu nagen. Deshalb beißt die Erbsenkäferlarve kurz vor ihrer Verpuppung eine runde Furche in die Oberhaut der Erbse, die der fertige Käfer dann beim Schlüpfen wie einen Deckel von innen her aufstößt. Ein ähnliches Verhaltensprogramm hat auch die Puppe eines Schmetterlings, der den wissenschaftlichen Namen Hybocampa (Hoplitis) milhauseri trägt. Sie schneidet mit einem Dorn, der sich an ihrem Kopfteil befindet, den harten Kokon – die Hülle der Puppe – auf, den der Schmetterling aus eigener Kraft nicht durchstoßen könnte. Der Forscher E. Fischer nahm einmal zwei dieser Puppen aus ihrem Kokon, um ihre Verwandlung zu beobachten. Sie zeigten diese typische Schneidebewegung nicht, dafür aber machten die fertig ausgebildeten Schmetterlinge, noch ehe sie ihre Flügel entfalteten, Stoß- und Sägebewegungen gegen die Wand ihres Behälters, als ob sie dort ein Loch hineinschneiden müßten. Offensichtlich ist die Entwick-

Die Bewegungen, mit denen ein Küken die Eischale aufpickt, sind ihm ebenso angeboren wie das Verhaltensinventar, das ihm unmittelbar nach dem Schlüpfen zur Verfügung steht.

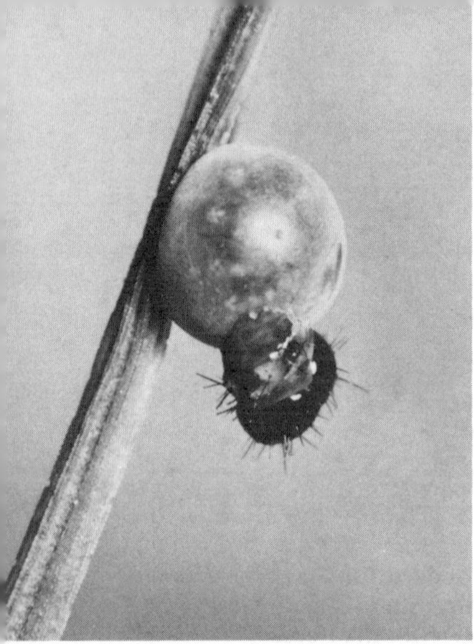

Insekten wandeln im Laufe ihrer Entwicklung ihren Körper oft vollständig um. Aus dem Ei wird eine Larve, aus der Larve eine Puppe, aus der Puppe das Insekt, wie es hier am Beispiel des Schwalbenschwanzes (papilio machao) zu sehen ist. Doch während Bewegungen und Verhaltensabläufe wie das Spinnen oder Durchstoßen des Kokons genetisch vorprogrammiert sind, hängt die Färbung der Schwalbenschwanzpuppe vom Verpuppungsort und von der Belichtung ab.

Verwandlungen des Schwalbenschwanzes

lung dieses Schmetterlings vom frühesten Larvenstadium an in allen Einzelheiten so festgelegt, daß Teile des Programms nicht deswegen ausfallen können, weil sie durch äußere Einwirkungen überflüssig geworden sind.

Ins Groteske verkehrte Verhaltensprogramme

Spinnen stellen ihre Netze nach einem vorprogrammierten Schema her. Unten links: Spinnennetz; unten rechts: Spinndrüse mit Faden

»Erbkoordinationen laufen primär ohne Einsicht in den arterhaltenden Sinn der Tätigkeit ab«, betont Irenäus Eibl-Eibesfeldt in seinem »Grundriß der vergleichenden Verhaltensforschung«. »So wird ein Hund, der einen Knochen im Zimmer versteckt, mit der Schnauze auch noch Bewegungen ausführen, als würde er Erdreich darüber schieben, denn das ist ihm so angeboren. Und er wird sich auch im Zimmer vor dem Hinlegen ei-

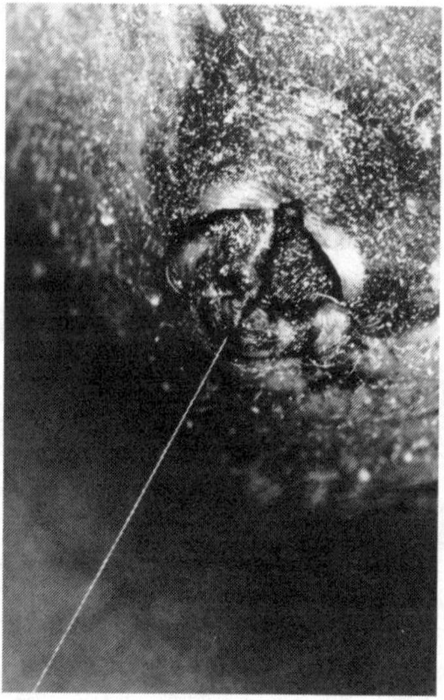

nige Male im Kreise drehen, obwohl er dort gar kein Gras niederzutreten braucht.« Die von Generation zu Generation weitervererbten Verhaltensprogramme sind wahre Wunderwerke an Präzision und Tauglichkeit, doch sie verkehren sich ins Groteske, wenn unvorhergesehene Eingriffe ihren Ablauf stören.

So hat M. Melchers in mehreren wissenschaftlichen Filmen das Verhalten einer Spinne (Cupiennius salei) festgehalten und dabei dokumentiert, wie sie auf Störungen reagiert. Das Spinnenweibchen spinnt normalerweise beim Kokonbau zuerst eine Bodenplatte, danach einen erhöhten Rand, der die Öffnung für die Eiablage freiläßt. Hat es seine Eier abgelegt, spinnt es diese Öffnung zu. Wenn man nun die Spinne beim Kokonbau stört, nachdem sie gerade die Bodenplatte beendet hat, dann spinnt sie beim späteren Weiterbau an einer anderen Stelle keine neue Bodenplatte mehr, sondern konzentriert sich nur auf die Randzone, so daß der Kokonboden des Neubaus in der Mitte offenbleibt.

Kokonbau ohne Bodenplatte

Der Spinne stehen – das haben Zählungen bei der Analyse des Films ergeben – ungefähr 6400 Spinnbewegungen für den gesamten Kokonbau zur Verfügung, und bei dieser Anzahl bleibt es, auch wenn man sie zwingt, nach halbvollendeter Arbeit noch einmal anzufangen. Diese Anzahl von Bewegungen führt sie andererseits auch aus, wenn abnormerweise gar kein Faden mehr aus ihren Spinnwarzen quillt, weil beispielsweise die beim Filmen benötigten Scheinwerfer die Ausführungsgänge der Spinndrüsen eingetrocknet haben. Die Spinne bemerkt offenbar nicht, daß sie gar nicht spinnt, sondern legt, nachdem ihrem inneren Programm nach der Kokon fertig sein müßte, ihre Eier ab, die dann natürlich zu Boden fallen. Auch das scheint sie nicht zu bemerken, denn sie geht unverdrossen daran, die Öffnung des nicht vorhandenen Kokons zuzuspinnen.

Der männliche Stichling (Gasterosteus aculeatus) baut sein Nest in seichtem Gewässer aus Pflanzenteilen, die er mit Körpersekret verklebt.

Fortpflanzungsverhalten der Stichlinge

Instinkthandlungen werden zwar, wie im nächsten Kapitel noch ausführlicher dargestellt werden soll, sehr häufig von bestimmten Reizen und Umweltsituationen ausgelöst, sie treten aber auch ohne sichtbaren äußeren Anlaß auf. Verhaltensforscher nehmen an, daß im Zentralnervensystem eine Erregung erzeugt wird, die sich schließlich in einer Instinkthandlung entlädt. Experimente mit elektrischer Hirnreizung haben diese Annahme bestätigt. Als erster hat Nikolaas Tinbergen in seiner »Instinktlehre« versucht, Ordnung in die unübersehbare Vielzahl von nebeneinander bestehenden oder einander ausschließenden Instinkten

Laichbereite Weibchen werden angebalzt und in einem Zickzack-Tanz zum Nest geführt, wo sie, vom Männchen heftig bedrängt, ihre Eier ablegen.

Das Männchen besamt die Eier und ist für die anschließende Betreuung des Geleges zuständig.

zu bringen. Von ihm stammt der Begriff »Instinkthierarchie«, der ausdrückt, daß es über- und untergeordnete Instinkte gibt, die wiederum in mehr oder weniger komplizierten Zusammenhängen auftreten. Veranschaulicht hat Nikolaas Tinbergen sein Modell am Fortpflanzungsverhalten der Stichlinge.

Diese Fische leben das ganze Jahr über in großen Schwärmen friedlich und unauffällig zusammen. Im Frühling aber, wenn die länger werdenden Tage den männlichen Stichling allmählich in Fortpflanzungsstimmung versetzen, suchen sie sich im seichten und warmen Wasser ihrer Laichgründe jeder ein eigenes Revier, das sie gegen männliche Rivalen verteidigen und in das sie laichbereite Weibchen zu locken trachten. Im

Zentrum seines Reviers, markiert durch ein Büschel von Wasserpflanzen, baut der Stichling sein Nest aus Pflanzenteilen, die er mit Körperabsonderungen verklebt, so daß eine Art Tunnel entsteht. Erst als Revierbesitzer legen die männlichen Stichlinge ihr »Hochzeitskleid« an: Ihr Bauch färbt sich rot, ihr Rücken smaragdgrün, und ihre Augen werden glänzend blau. Diese Färbung ist die Voraussetzung dafür, daß sie überhaupt erkennen können, ob sich ein Männchen oder ein Weibchen ihrem Revier nähert – und davon hängt wiederum ihr Verhalten ab.

Das Erscheinen eines rotbäuchigen Männchens aktiviert die Kampfstimmung – aber ob der Stichling jetzt nur droht oder den Rivalen angreift oder verfolgt, ist von der jeweiligen Situation abhängig. Auch Weibchen werden zunächst bedroht oder gar angegriffen. Sind sie noch nicht laichbereit, ergreifen sie daraufhin die Flucht; anderenfalls beschwichtigen sie das Männchen durch eine »vorprogrammierte« Schrägstellung, die ihren silberfarbenen Bauch gut zur Geltung bringt, und dann werden sie angebalzt und in einem Zickzack-Tanz zum Nest gelockt, wo sie schließlich ihre Eier ablegen.

Im Zickzack-Tanz zum Nest

Wir haben es hier mit einer Funktionskette zu tun, die an jeder Stelle unterbrochen werden kann, falls die nötigen Voraussetzungen nicht gegeben sind. Ein Stichling, der kein Revier findet, verfärbt sich gar nicht erst, ein Stichlingsweibchen, dessen Eier noch nicht reif zum Ablaichen sind, wird gar nicht erst zum Nest geführt, und ein Männchen, dessen Nest noch nicht fertig ist, benimmt sich so aggressiv, daß es selbst ein laichbereites Weibchen vertreibt.

Ein Instinkt ist nach Nikolaas Tinbergen »ein hierarchisch organisierter nervöser Mechanismus, der auf bestimmte vorwarnende, auslösende und richtende Impulse, sowohl innere wie äußere, anspricht und sie mit wohlkoordinierten, lebens-

und arterhaltenden Bewegungen beantwortet«. Im Falle der gerade beschriebenen Stichlinge sind dem Hauptinstinkt »Fortpflanzungsverhalten« die Instinkte »Reviersuche und -verteidigung«, »Nestbau«, »Kampf« oder »Balz« untergeordnet. Ihre zeitliche Reihenfolge wird zum Teil hormonell gesteuert, zum Teil durch Umweltreize ausgelöst.

Verhaltensprogramme, auch dies zeigt das Beispiel des Stichlings, sind nicht immer von Geburt an verfügbar. Sie reifen, während das Tier heranwächst, und funktionieren erst dann, wenn sie wirklich gebraucht werden. So beherrscht der Stockentenerpel genau beim Eintritt der Geschlechtsreife die zehn Grundbewegungen der Balz und ihre richtige Reihenfolge. Honigbienen, die man gleich nach dem Schlüpfen in Gruppen zusammensetzt, entwickeln in sieben Tagen den komplizierten Schwänzeltanz, mit dem sie ihren Stockgenossinnen Richtung und Entfernung einer Futterquelle melden. Kaulquappen können schwimmen und Tauben fliegen, ohne es jemals geübt zu haben, und dem Eichhörnchen ist die Fähigkeit angeboren, Nüsse für den Winter im Boden zu vergraben.

Angeboren oder erlernt?

Die grundlegenden Erkenntnisse darüber sind an isoliert aufgezogenen Tieren in sogenannten Kaspar-Hauser-Versuchen gewonnen worden; denn bei einem freilebenden Tier wäre es unmöglich, angeborene von erworbenen Eigenschaften zu unterscheiden. Seit Jahrzehnten wird unter Verhaltens-Wissenschaftlern erbittert darüber gestritten, ob nicht vieles, was die von der Zoologie herkommenden Verhaltensforscher (Ethologen) als angeboren betrachten, in Wirklichkeit individuell gelernt werde – sei es durch Nachahmung des elterlichen Vorbildes, sei es durch Erfahrungen in der Auseinandersetzung mit der Umwelt.

Vermutlich wäre dieser Streit nie auf öffentliches Interesse gestoßen, wenn er sich auf das Verhalten von Spulwürmern oder Spinnen, Graugänsen, Tauben oder Ratten beschränkt hätte. Doch etwa seit der Mitte unseres Jahrhunderts werden verstärkt die biologischen Grundlagen menschlichen Verhaltens mit in die Debatte einbezogen, und damit wird das Ganze zu einer philosophischen oder politischen Glaubensfrage.

Elementare Verhaltensweisen

Es war schon davon die Rede, daß dem Menschen die umfassenden Verhaltensprogramme fehlen, wie sie beim Stichling die Fortpflanzung oder bei der Gottesanbeterin den Beutefang regeln. Der Mensch ist allen gängigen Definitionen nach weniger ein »Natur«- als ein »Kultur«-Wesen. Und doch ist er wie alle anderen Säugetiere mit Verhaltensabläufen – Erbkoordinationen – ausgerüstet, die durch Lernen zu größeren funktionellen Einheiten zusammengefaßt werden. Angeboren sind dem Menschen zunächst eine Reihe von grundlegenden, also elementaren Verhaltensweisen wie Atmen, Schreien, Schlucken, Greifen, Essen und Trinken, ferner unwillkürliche Ausdrucksmittel wie Mimik und Gestik und seine fundamentalen Antriebe, zu denen Hunger und Angst ebenso gehören wie Sexualität, Machtstreben, Opferbereitschaft oder Aggression.

Im Gegensatz zu den meisten Tieren kommt ein Menschenkind so unfertig auf die Welt, daß man es als »physiologische Frühgeburt« bezeichnet, als Wesen also, zu dessen natürlichen Merkmalen es gehört, zu früh geboren zu werden. Erst ein volles Jahr nach der Geburt hat es den Entwicklungsstand erreicht, in dem andere höhere Säugetiere das Licht der Welt erblicken. Zu den am Neugeborenen zu beobachtenden »frühontogenetischen Anpassungen« (siehe Kästchen S. 10) gehört zum Beispiel das Kopfpendeln, das spontan oder nach

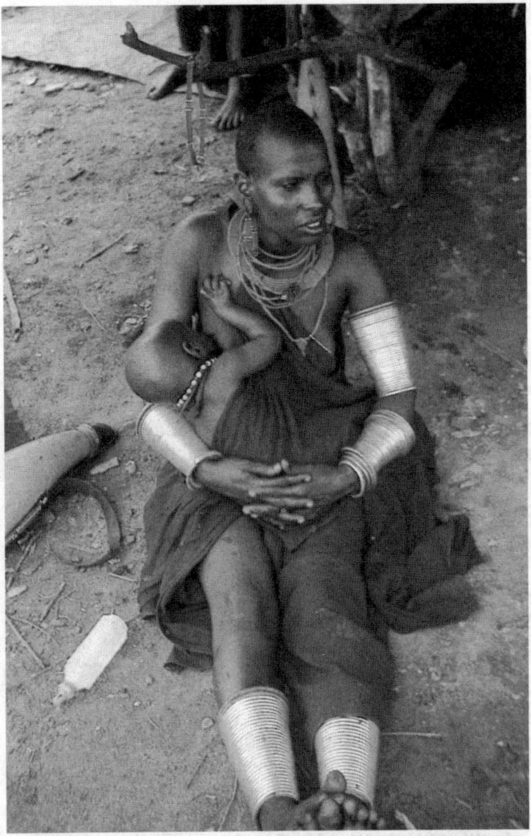

Zu den Verhaltensprogrammen, mit denen der Mensch ausgestattet ist, gehört der Klammerreflex des Säuglings ebenso wie die Koordination von Atmung und Schluckbewegung beim Saugen.

Berührungsreizen in der Mundzone auftritt, ein Suchverhalten, das aufhört, wenn der Säugling die mütterliche Brustwarze in den Mund bekommt und sie mit den Lippen fest umschließt. Schon wenige Tage nach der Geburt verliert sich dieser Such-Automatismus; er wird durch eine zielgerichtete Bewegung ersetzt. Das Zusammenspiel von Atmung und Schluckbewegung beim

Trinken ist ebenso angeboren wie der sogenannte Handgreifreflex des Säuglings, der bei Frühgeburten besonders stark ausgebildet ist und mit zunehmendem Alter nachläßt. Auch die Kriech- und Schwimmbewegungen, die man bei Neugeborenen auslösen kann, geraten als »Restposten« eines früher einmal lebenswichtigen Verhaltensprogramms bald in Vergessenheit, da das Überleben in freier Wildbahn nun einmal seit einigen hunderttausend Jahren kaum noch zu den Anforderungen gehört, die an ein menschliches Baby gestellt werden.

Erbkoordination

Als Erbkoordination wird in der Verhaltensforschung jedes angeborene Können bezeichnet, das entweder bei der Geburt als Instinktbewegung vorhanden ist oder innerhalb bestimmter Zeiträume heranreift. Atmen und Schlucken, Schwimmen oder »Sich-tot-stellen« gehören zu diesen Instinktbewegungen ebenso wie Gesten sozialer Kontaktaufnahme oder Kontaktverweigerung.

Neben dem angeborenen Können bestimmt das angeborene Erkennen einen beträchtlichen Teil tierischen und menschlichen Verhaltens. Tiere und Menschen reagieren auf zahlreiche für sie lebenswichtige Signale, die sie aus der Umwelt empfangen, mit voraussagbarem Verhalten. Die innere Bereitschaft zu den entsprechenden Verhaltensweisen wird Appetenz genannt, der Reiz, der das Verhalten auslöst, Auslöser oder Schlüsselreiz. Das ganze System von Reizen und Reaktionen heißt in der wissenschaftlichen Literatur angeborener Auslösemechanismus (AAM). Es gibt auch erworbene Auslösemechanismen (EAM) und durch Erfahrung beeinflußte angeborene Auslösemechanismen (EAAM); im ersten Fall haben wir es mit gelernten Verhaltensweisen zu tun, z. B. in der Dressur, im zweiten mit allmählichen Differenzierungen eines von Geburt an funktionierenden Verhaltens.

Experimente haben gezeigt, daß häufig ein übernormaler Reiz die vorprogrammierte Reaktion wirkungsvoller auslöst als ein normaler Reiz. Das berühmteste Beispiel dafür ist das Verhalten der Silbermöwe, die in einem Versuch von Niko Tinbergen einem bemalten Riesenei den Vorzug vor einem ähnlich gemusterten Ei in natürlicher Größe gab: Sie versuchte immer wieder, es zu bebrüten, obwohl sie gar nicht imstande war, sich brütend auf ihm niederzulassen.

Menschliches Ausdrucksverhalten

Um so wichtiger sind im Laufe der Menschheitsentwicklung die Fähigkeiten geworden, die im Dienste familiärer und gesellschaftlicher Bindung stehen, all jene Verhaltensweisen, die Zuwendung provozieren, Aggression beschwichtigen und eine verläßliche Ordnung innerhalb einer Gruppe herstellen. Soziale Signale wie Lächeln oder Weinen, Betteln oder Grüßen unterliegen zwar gesellschaftlichen Wertungen und Abwandlungen, bleiben aber als angeborene Ausdrucksformen über

Die Trauer dieser griechisch-zyprischen Frauen um ihre erschossenen Männer drückt sich auf eine Weise aus, die von Menschen aller Kulturen ohne weiteres verstanden wird.

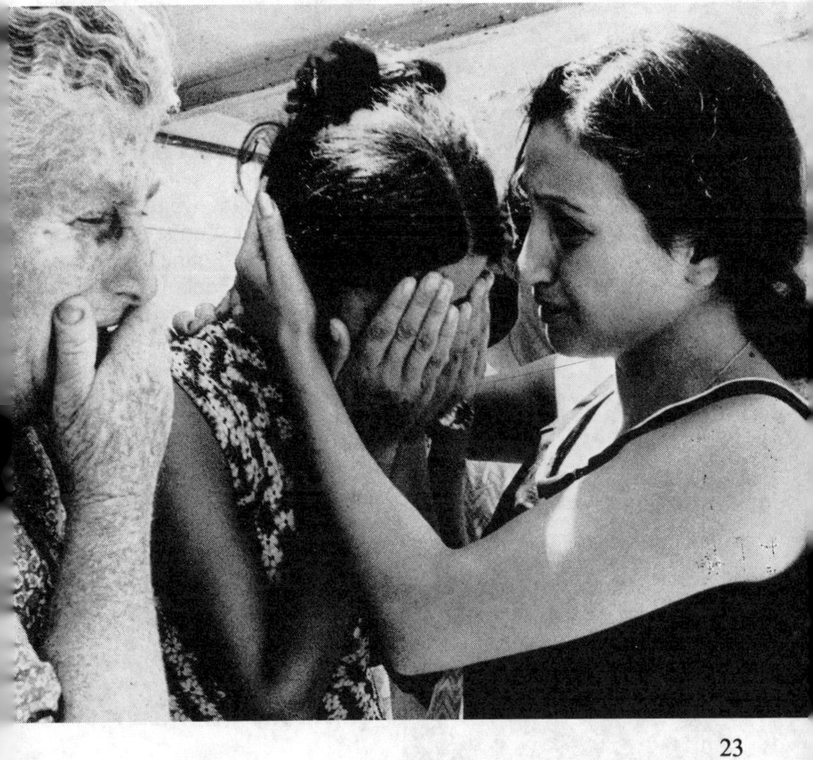

Während das weite Herausstrecken der Zunge aggressiv wirkt und auch ganz bewußt als aggressive Geste eingesetzt wird (oben), läßt sich das Züngeln, bei dem die Zunge nur kurz zwischen den Lippen sichtbar wird, auf zweierlei Weise deuten: als werbende Geste und als sogenannte Übersprungbewegung. Gefährlich kann sie bei Sportlern und spielenden Kindern werden – schon mancher hat sich bei einem unglücklichen Sturz die Zungenspitze abgebissen.

»Sprache« der Zunge

TSV
09

Ein Massai-Mädchen flirtet genauso, wie Frauen aller Völker flirten: mit »verschämt« gesenkten Lidern, die sich gleich wieder heben werden, und verhaltenem Lächeln.

alle kulturellen Grenzen hinweg unmittelbar verständlich. Das gleiche gilt für Äußerungen der Abneigung, der Wut oder des Ekels. Wo immer Menschen leben, wird eine weit aus dem Mund gestreckte Zunge als Zeichen verächtlicher Ablehnung aufgefaßt, und überall ballt der Wütende die Fäuste, stampft mit dem Fuß auf und zeigt die zusammengebissenen Zähne.

Die systematische Erfassung menschlichen Ausdrucksverhaltens, die Irenäus Eibl-Eibesfeldt gemeinsam mit Hans Hass begonnen hat, wird eines Tages erschöpfend darüber Auskunft geben, wie der dem Menschen angeborene Augengruß beim Flirten eingesetzt wird, welche Mimik ein überraschter, ärgerlicher oder schüchterner Mensch zeigt und welchen Einfluß auf das Verhalten eines Menschen solche Faktoren haben, die der Aufmerksamkeit eines zufälligen Beobachters normalerweise entgehen. So filmte Hans Hass zum Beispiel einen Zeitungsverkäufer in Wien mit Zeitraffertechnik und bemerkte erst beim Betrachten des fertigen Filmes, daß der scheinbar fest an seinem Platz stehende Mann ständig vor einem eineinhalb Meter breiten Mauervorsprung hin und her gelaufen war. Mit der gleichen Filmtechnik konnte er nachweisen, daß Menschen ohne ersichtlichen Grund – offenbar infolge eines angeborenen Orientierungsmechanismus – beim Überqueren großer Plätze auffällige Geländemarken ansteuern, auch wenn sie dafür einen Umweg in Kauf nehmen müssen. Auf Film-Exkursionen durch die ganze Welt sind im Laufe der Jahre eine Fülle von Dokumenten erstellt worden, aus denen sich die biologische Basis zahlreicher menschlicher Verhaltensweisen eindeutig ablesen läßt.

Zeitraffertechnik

Lebewesen und ihre »innere Uhr«

Was nicht beobachtet werden kann, was aber gerade in bezug auf menschliches Verhalten von lebenswichtigem Interesse wäre, das sind die inneren Antriebe des Verhaltens, die sogenannten motivierenden Faktoren. Ihrer Erforschung widmen sich die Verhaltensphysiologen, die festgestellt haben, daß viele Tiere ebenso wie der Mensch »inneren Uhren« folgen, die Aktivität und Ruhezeiten steuern. Sie haben ferner beobachtet, daß Tiere, die längere Zeit keine Gelegenheit finden, eine bestimmte Verhaltensweise abzureagieren, in eine gesteigerte Bereitschaft geraten, eben dies Verhalten auszuleben. Sie suchen geradezu nach Situationen, die ihnen dies gestatten, und wenn sie keine herbeiführen können, laufen die lang unterdrückten Instinkthandlungen im Leerlauf ab.

»Rattenweibchen«, so schildert Irenäus Eibl-Eibesfeldt das Phänomen, »sind während der ersten Tage nach dem Werfen in so starker Eintragestimmung, daß sie viele Male hintereinander ihren Schwanz packen, eintragen und im Nest ablegen. Manchmal ergreifen sie sogar eines ihrer Hinterbeine und ziehen es auf drei Beinen humpelnd zum Nest.«

Appetenzverhalten

Wallace Craig, einer der Wegbereiter der vergleichenden Verhaltensforschung, hat dies Suchen nach einer Reizsituation »Appetenzverhalten« genannt. Appetenzverhalten ist zwar instinktiv, da es von einer zentralnervösen Erregung ausgeht, aber im Gegensatz zu der angestrebten »Endhandlung« anpassungsfähig.

So wie eine Katze, die längere Zeit keine Maus gefangen hat, auch ohne Hunger auf Mäusejagd geht, um ihren Jagdtrieb zu befriedigen, so nukkelt ein Baby am Daumen, wenn es beim Trinken seinen Saugtrieb nicht hinreichend stillen konnte, und halbwüchsige Jungen »suchen Händel«, um ihre Kampfeslust abzureagieren. Wir werten es meist als Zeichen lebhafter Phantasie, wenn wir solche Kinder auf einer Wiese gegen Gräser, Hummeln oder auch Schatten fechten sehen, und

Literaturhinweise

Lorenz, Konrad: *Er redete mit dem Vieh, den Vögeln und den Fischen,* Wien 1955. – Amüsant und anschaulich geschrieben, Erfahrungsberichte über Dohlen, Graugänse, Stichlinge und Kampffische, Hunde, Hamster und andere Haustiere, eine vorzügliche Mischung aus wissenschaftlichen Informationen und praktischen Hinweisen.

Tinbergen, Nikolaas (Niko): *Tiere und ihr Verhalten,* Amsterdam 1965, dt. 1966. – Überblick über die Entwicklung der Verhaltensforschung und ihre wichtigsten Forschungsergebnisse.

Fast alle halbwüchsigen Jungen haben Spaß daran, miteinander zu raufen, eine biologisch vorprogrammierte Anlage, die in den meisten Gesellschaften durch eine entsprechende Erziehung verstärkt wird.

doch handelt es sich bei solchem Spiel wohl eher um einen Vorgang, wie Konrad Lorenz ihn 1937 an seinem Star beobachtete: Der gut und regelmäßig gefütterte Vogel, der in seinem Käfig nie Insekten zu fangen bekam, flog von Zeit zu Zeit von seiner Sitzstange auf, um nach »eingebildeten« Fliegen zu schnappen. Dann kehrte er auf seinen Platz zurück, führte die für Stare typische Totschlagebewegung aus und schluckte die unsichtbare Beute hinunter.

Nimmt man auch für den Menschen an, daß seinem Instinktverhalten eine nicht von Außenreizen gesteuerte, sondern zentralnervöse Erregungsproduktion zugrunde liegt, die »endogen-spontan« (von grch. endon = drinnen, innerhalb und gennan = erzeugen) genannt wird, dann hat das für seine Beurteilung weitreichende Folgen. Denn im Gegensatz zu wahrnehmbaren Außenreizen bleibt solch eine zentralnervöse Erregungsproduktion unbewußt und damit unbeeinflußbar und somit auch unkalkulierbar.

Das angeborene Erkennen

Viele Verhaltensweisen werden zwar von einem inneren Drang in Gang gesetzt, doch sie bedürfen ganz bestimmter Reize aus der Umwelt des Tieres, um sich in sinnvoller Weise entfalten zu können. So wäre der gewaltige Aufwand, den ein Stichling mit Wanderung, Reviersuche und Nestbau treibt, vergebens ohne seine Fähigkeit, die zu ihm passenden Weibchen zu erkennen. Daß er sie aber erkennt, verdankt er einem angeborenen Auslösemechanismus (AAM), mit dessen Hilfe er zugleich den »richtigen Ton« findet, in dem das laichbereite Weibchen umworben sein will.

Jakob Baron von Uexküll, geb. am 6. 9. 1864, gest. am 25. 7. 1944, war Zoologie-Professor in Hamburg und einer der Mitbegründer der vergleichenden Physiologie.

Wir haben also auf der einen Seite das Tier mit seinen wechselnden Stimmungen, Bedürfnissen und Verhaltensprogrammen – und auf der anderen Seite die ihm entsprechende Umwelt, die alles bereithält, was zur Befriedigung seiner Bedürfnisse nötig ist. Jakob von Uexküll hat nachgewiesen, daß Tiere mit Hilfe ihrer Sinnesorgane ohnehin nur einen begrenzten Ausschnitt aus ihrer Umgebung wahrnehmen, der von ihren vitalen Bedürfnissen bestimmt wird. Er umfaßt zur Nahrung dienende Tiere oder Pflanzen, Nistplätze oder zum Nestbau geeignetes Material, Artgenossen und Raubfeinde – und alle diese Einzelelemente stellen Signale oder Reize dar, auf die das Tier unterschiedlich stark reagiert.

Eine innere Handlungsbereitschaft (Appetenz) führt dazu, daß das Tier unruhig wird und sich schließlich auf die Suche macht, um sein jeweiliges Verlangen zu stillen. Eine hungrige Erdkröte wandert umher, bis sie einen Wurm oder ein Insekt findet; dann fixiert sie die Beute und schnappt sie. Der sogenannte Schlüsselreiz, der das immer gleiche Beutefangverhalten auslöst, ist die Bewegung des Beutetieres. Ein still sitzendes Insekt wird von der Kröte offenbar nicht als Beute erkannt und daher auch nicht geschnappt.

Schlüsselreize

Reaktion auf bewegliche Beute

Daß die Reaktion auf bewegliche Beute angeboren ist, beweisen Versuche mit erfahrungslos aufgezogenen Tieren. So beschreibt Irenäus Eibl-Eibesfeldt ein Experiment mit einem jungen Krallenfrosch: »Die Kaulquappen (dieses Frosches) sind Planktonfilterer, die nie gezielt nach Objekten schnappen. Isoliert man sie kurz vor der Verwandlung in klarem Leitungswasser, so hat man Frösche, die noch nie nach Beute schnappten. Wird nun ein bewegter Lichtpunkt gegen den Hintergrund des Gefäßes projiziert, dann schwimmt der darin gehaltene Krallenfrosch sofort auf ihn los, macht die typischen Raffbewegungen mit den Vorderbeinen und schnappt. Ein feiner Wasserstrahl aus einer Pipette oder leichte Berührung an den Beinen lösen ebenfalls die Zuwendung und die Fanghandlung aus. Das Tier schnappt dann den Wasserstrahl.«

Die bewegliche Beute darf bei Kröten, Fröschen oder auch Libellenlarven eine bestimmte Größe nicht überschreiten – größere Objekte lösen keine Fanghandlung, sondern Fluchtverhalten aus. Nun sind es aber keineswegs nur optische Signale, die als Schlüsselreize wirken. So läßt es beispielsweise den Gelbrandkäfer, der in anderen Situationen durchaus auf optische Reize reagiert, ganz kalt, wenn er seine Lieblingsbeute in unmittelbarer Nähe in einer bauchigen Glasflasche mit Hals, einer Phiole, zappeln sieht; der Geruch von

Fleischsaft hingegen alarmiert ihn sofort, und er macht sich eilig auf die Suche nach der vermuteten Beute.

Erschütterungen des Spinnennetzes sind der Schlüsselreiz für das Beutefangverhalten der Spinne, und die Fluchtreaktion vieler Nachtfalter wird durch die Ultraschallrufe der Fledermaus ausgelöst. Puten erkennen ihre Küken nur an der Stimme, und während sie einen ausgestopften Iltis, der zu ihren gefährlichsten Feinden gehört, bedenkenlos schützend unter ihre Flügel nehmen, sofern es aus ihm nach Truthahnkükenart piept, töten sie ihre eigene Brut, wenn man sie des Gehörs beraubt.

Duftstoffe und ihre Bedeutung

Es gibt besondere Schreckstoffe, die zum Beispiel Schwarmfische alarmieren, wenn ein Artgenosse verletzt wird. Auch Honigbienen sondern bei Gefahr einen Duftstoff ab, der ihre Genossinnen warnt und in Angriffsstimmung versetzt. Sexuallockstoffe – sogenannte Pheromone – dienen als Auslöser für die Paarung bei vielen Insektenarten, und selbst Wärme kann ein Schlüsselreiz sein, der Stechmücken, Wanzen oder Milben zu ihrer Nahrungsquelle führt.

Auf welche Arten von Schlüsselreizen ein Tier anspricht, ergibt sich aus seinen Lebensbedingungen. So spielen bei Nestflüchtern wie Hühnern, Enten oder Möwen akustische Schlüsselreize die wichtigste Rolle – sie helfen dem Küken, das bereits kurz nach dem Schlüpfen laufen und nach Nahrung picken kann, immer wieder in den Schutz der Mutter zurückzukehren. Bei Nesthokkern hingegen, die von den Eltern ernährt werden müssen, sind es vor allem optische Reize, die das elterliche Brutpflegeverhalten auslösen.

Amseljunge, die in den ersten acht Lebenstagen blind sind, sind darauf programmiert, bei der geringsten Erschütterung des Nestes die Hälse zu recken und die Schnäbel aufzusperren – und das tun sie nicht nur, wenn die Altvögel mit Futter im

Der Vogel, der seine Jungen füttert, erscheint vielen Menschen als Inbegriff aufopfernder Liebe. Doch auch diese Gartengrasmücke würde ihren Nachwuchs verhungern lassen, wenn sie nicht immer von neuem durch artspezifische Signale zur Brutpflege herausgefordert würde.

Schnabel am Nestrand erscheinen, sondern auch, wenn man zum Beispiel mit einem Stock oder dem Finger das Nest berührt. Sobald die Amseljungen sehen können, wandeln sie die ungerichtete Streckbewegung des Halses um in eine gerichtete Bewegung, die sogenannte Taxis, die auf den am Nestrand sitzenden Elternvogel zielt.

Die Fütterung der Amseljungen durch ihre Eltern ist ein schönes Beispiel dafür, wie Schlüsselreize ganze Verhaltensketten auslösen können. Die Amseleltern sind durch ihren von Hormonen gesteuerten Brutpflegetrieb dazu gezwungen, mit Futter im Schnabel am Nestrand zu erscheinen. Das ist der Schlüsselreiz, der das Sperren der Jungvögel auslöst. Die aufgesperrten Schnäbel wiederum sind in ihrer auffälligen Farbgebung ein Schlüsselreiz für die Eltern, die Nahrung in den Schlund der Kinder zu stopfen. Und so wenig diese erkennen, ob die am Nestrand erschienene Gestalt ihre Mutter, eine fremde Amsel oder gar eine Attrappe ist, so wenig unterscheiden die Eltern zwischen ihren eigenen und untergeschobenen Jungen. Sie füttern sogar einen Pappvogel, sofern er nur ein gelbgerahmtes rotes Viereck zeigt, das in etwa dem aufgesperrten Schnabel eines Jungvogels gleicht, während sie ihre nicht sperrenden Kinder ohne Skrupel verhungern lassen und schließlich aus dem Nest werfen.

Beim Experimentieren mit solchen Attrappen hat man sogar herausgefunden, daß es »überoptimale Reize« gibt, die ein Tier den normalen Schlüsselreizen vorzieht, auf die es üblicherweise anspricht. In der Natur stellt der junge Kuckuck solch einen bevorzugten Schlüsselreiz dar. Sein riesiger roter Rachen wirkt auf die Zieheltern so unwiderstehlich, daß sie pausenlos Futter in ihn hineinstopfen, selbst wenn ihre eigenen Kinder daneben verhungern. Da das Kuckuckskind sei-

Attrappenversuche

Um zu erfahren, auf welche Schlüsselreize ein Tier überhaupt reagiert und ob verschiedene Schlüsselreize einander in ihrer Wirkung beeinträchtigen oder verstärken, haben Verhaltensforscher mit den unterschiedlichsten Attrappen experimentiert. So haben sie mit einer größeren runden Pappscheibe, an deren oberem Rand eine kleinere runde Pappscheibe befestigt war, die Sperr-Reaktion junger Amseln ausgelöst oder mit einer unten rot gefärbten Wachswurst das Kampfverhalten des Stichlings. Bei einem männlichen Rotkehlchen genügt ein Büschel roter Federn, um es auf den vermeintlichen Rivalen zu hetzen, und junge Buntbarsche folgen einem bemalten Pappfisch, sofern man ihn in gewissen Abständen ruckartig bewegt.

Die Bachstelze füttert den jungen Kuckuck bevorzugt, weil sein roter Rachen als »überoptimaler« Reiz auf sie wirkt.

nen Schnabel auch beim Schlucken nicht schließt, stellt dieser rote Rachen sozusagen ein Dauersignal dar, auf das nicht nur die Zieheltern reagieren, sondern sogar fremde Vögel. Wenn der junge Kuckuck nach drei Wochen das Nest verläßt, aber noch weitergefüttert wird, kann es vorkommen, daß sich gerade erst selbständig gewordene Jungvögel irgendwelcher Arten an seiner Fütterung beteiligen. Der berühmte Ornithologe Oskar Heinroth, so berichtet Wolfgang Wickler in seinem Buch über Nachahmung und Täuschung in der Natur (»Mimikry«), nannte deswegen den jungen Kuckuck ein »Laster« seiner Pflegeeltern, weil sie geradezu süchtig auf sein Bettelsignal ansprechen.

Das Reizsummenphänomen

Bei der Untersuchung von Buntbarschen, deren Männchen blau gefärbt sind und schwarze Abzeichen an den Rücken- und Bauchflossen tragen, entdeckte A. Seitz das sogenannte Reizsummenphänomen. Bei kämpferischen Auseinandersetzungen dieser Buntbarschmännchen stellen sich

die Gegner breitseits mit gespreizten Flossen und angespannter Kehlhaut voneinander auf und »imponieren«. Dann schlagen sie mit dem Schwanz nacheinander, und schließlich rammen sie mit geöffnetem Maul die Flanken des Gegners. Da der Angegriffene ausweicht und seinerseits zu rammen versucht, kreisen die Fische auf dem Höhepunkt eines solchen Kampfes umeinander wie ein Karussell. Seitz fand heraus, daß die Blaufärbung der Fische an sich schon ein kampfauslösendes Merkmal ist, desgleichen die schwarze Flossenzeichnung, das Querstellen, das Flossenspreizen, der Schwanzschlag und der Rammstoß. In Attrappenversuchen zeigte sich, daß jeder einzelne Schlüsselreiz stärkeres oder schwächeres Drohverhalten auslöste. Die Kombination verschiede-

Kampfauslösende Merkmale

Zwei Schleierkampffische (Betta splendens var. cambodja) bedrohen einander mit gespreizten Flossen.

ner Merkmale hatte heftigere Reaktionen zur Folge, und am stärksten wirkte der geballte Einsatz aller Merkmale.

Umgekehrt kann es auch vorkommen, daß die Gewöhnung an einen immer wiederkehrenden Reiz die Reaktion darauf allmählich schwächer werden läßt, bis sie womöglich ganz ausbleibt. Wer jeden Tag sein Lieblingsessen vorgesetzt bekommt, wird bald keinen Geschmack mehr daran finden. Doch während ein Mensch, dem dies widerfährt, einiges tun kann, um sich aus einer solchen Zwangslage zu befreien, sind kleine, im Nest hockende Vögel solcher Überreizung hilflos ausgeliefert. Ein Attrappenversuch mit fünf bis sieben Tage alten Buchfinken hat ergeben, daß ihre Sperr-Reaktion nach zehn- bis dreizehnmaliger

! Elternvögel »kennen« nur hungrige Kinder – den Normalfall einer in freier Natur aufzuziehenden Brut. Wer hier nicht bettelt und um sein Futter kämpft, ist krank oder schwächlich und »lohnt« daher die Mühe der Aufzucht nicht. In gleicher Weise distanzieren sich viele Tiere von krankem Nachwuchs. Das schwache, verletzte oder auf eine andere Art vom Normalen abweichende Kind wird links liegengelassen und erfriert bzw. verhungert. Diese Verhaltensweisen kommen dem Kukkucks-Nachwuchs z. B. sehr entgegen.

Auch Vögel lernen! Dieser Eichelhäher erwischte einen Falter, aber als er ihn verzehrt hat, ist er erstaunt über den bitteren Geschmack. Er speit ihn aus. Ergebnis: Falter gleicher Farbe wird er künftig meiden.

Darbietung desselben Schlüsselreizes aufhörte – aber offenbar nicht aufgrund einer motorischen Ermüdung, sondern eher aus »Überdruß«. Denn sobald ein anderer Schlüsselreiz geboten wurde – und zur Auswahl stehen hier neben optischen Signalen nachgemachte Altvogelrufe oder Erschütterung des Nestes –, sperrten sie wieder in alter Frische ihre Schnäbel auf.

Was aber passiert, wenn Jungvögel im Nest ihre Sperr-Reaktion einstellen, weil die Eltern zu oft mit frischem Futter ankommen? Das erfuhr Professor Otto Koenig auf drastische Weise, als er anfing, Bartmeisen im Käfig zu züchten. Die jungen Meisen, die gesättigt und vom dauernden Angebot desselben Schlüsselreizes – »Elternvogel am Nest« – ermüdet keine Lust mehr zeigten, die Schnäbel aufzumachen, wurden von den Alten kurzerhand aus dem Nest geworfen. Sobald übrigens Otto Koenig das Futterangebot für seine Bartmeisen reduzierte, erzielte er bei ihrer Zucht die schönsten Erfolge.

Angeborene Auslösemechanismen

Die Bereitschaft, auf Schlüsselreize in vorprogrammierter Weise zu reagieren, läßt sich auch beim Menschen nachweisen. Schon der zwei bis drei Monate alte Säugling lächelt freundlich, wenn sich ein teilnahmsvoller Mensch über ihn beugt und ihn anschaut. Versuche, die Professor René A. Spitz mit seiner Assistentin Katherine M. Wolf an 145 neugeborenen Kindern über den Zeitraum eines Jahres angestellt hat, beweisen, daß dies Lächeln Teil eines angeborenen Auslösemechanismus ist. Es setzt keinerlei persönliche Bekanntschaft voraus. Wenn es auch in aller Regel die Eltern und nahen Verwandten sind, um deren Zuneigung dies Lächeln wirbt, so wird es doch ohne weiteres auch einer Maske oder einer Pappscheibe zuteil, auf der Augen und Nase eines Menschen in schematischer Weise dargestellt sind.

Schlüsselreize

Ein weiterer Schlüsselreiz, der bei Menschen ganz generell freundliche Zuwendung auslöst, ist das von Konrad Lorenz Anfang der vierziger Jahre entdeckte »Kindchenschema«. Ob Menschen-, Vogel-, Katzen- oder Hundekind – der Mensch ist von Natur aus bereit, ein kleines, rundliches, weiches und in seinen Bewegungen tolpatschiges Wesen entzückend zu finden, es auf den Arm zu nehmen, zu hätscheln und vor jeglichem

Ein von Natur aus rundliches, tolpatschiges, kleines Wesen wird als niedlich empfunden und ruft Schutzbedürfnis hervor. Konrad Lorenz nannte diesen Schlüsselreiz Kindchenschema.

Ungemach zu beschützen. Angeborene Auslösemechanismen spielen weiter eine nicht zu unterschätzende Rolle bei der Partnerwahl und im Sexualverhalten, im Gruppenverhalten heranwachsender Jungen, bei Rangstreitigkeiten oder bei der Konfrontation mit Kranken und sozialen Außenseitern. Als Schlüsselreize dienen sowohl das menschliche Ausdrucksverhalten als auch körperliche Merkmale, die häufig durch die Kleidung unterstrichen werden. Hinzu kommen die noch wenig erforschten Auslöser, die über andere Sinne – den Geruch, das Gehör oder den Tastsinn – wahrgenommen werden. So können junge Mädchen und Frauen während der Zeit ihrer Geschlechtsreife Moschussubstanzen riechen, die Kinder, Frauen jenseits der Wechseljahre und Männer überhaupt nicht wahrnehmen, es sei denn, man behandelte sie mit Östrogen-Injektionen.

Noch immer ein Rätsel

Schon Säuglinge reagieren vor jeder Erfahrung mit der Bekömmlichkeit verschiedener Nahrungsmittel mit angeborenen Gesichtsausdrücken auf süßen, sauren oder bitteren Geschmack; Bitteres wird spontan ausgespuckt oder erbrochen. Ablehnend verhalten sich alle Menschen gegenüber Exkrementen und Erbrochenem, sie ekeln sich vor Geschwüren, entstellenden Wunden, krankhaften Hautveränderungen, Blut und Speichel. Daß es trotzdem Ärzte und Krankenschwestern gibt, ist ein Beweis dafür, daß der Mensch sich über viele der ihm angeborenen Verhaltensprogramme hinwegsetzen kann, und im Grunde zielt jede Erziehung darauf ab.

Literaturhinweise

Eibl-Eibesfeldt, Irenäus: *Liebe und Haß,* München 1970. – Leicht verständliche Darstellung der Vorprogrammierungen im Verhalten von Tieren und Menschen; Gedanken über Aggression und bindende Riten; trotz vieler Beispiele aus der Tier-Verhaltensforschung vor allem auf menschliches Verhalten bezogen.

Carrighar, Sally: *Das ungezähmte Erbe.* Vom Verhalten der Tiere und Menschen, Düsseldorf/Wien 1967. – Aus dem Amerikanischen übersetzte, kenntnisreiche Einführung in die Verhaltensforschung.

Verhaltensänderungen durch Lernen

Wenn ein Springspinnenmännchen erst lernen müßte, wie ein Springspinnenweibchen aussieht und wie die einzelnen Schritte seines Balztanzes aufeinander folgen, dann wäre es schon aufgefressen, bevor es sich hätte fortpflanzen können. Doch sein angeborener Auslösemechanismus reagiert nur auf die Schlüsselreize, die Weibchen seiner eigenen Art aussenden, und die Ausführung seines Balztanzes gehört zu dem ihm angeborenen Verhaltensprogramm, das ihm das Überleben in seiner eng begrenzten Umwelt sichert.

Ähnlich starr programmiert zeigt sich die Grabwespe in ihrem Brutpflegeverhalten. Sobald sie einen passenden Nestplatz gefunden hat, beginnt sie scharrend und beißend die Nestkammer zu graben, deren Eingang sie mit einem Sandklümpchen verschließt. Dann macht sie sich auf die Suche nach einer Raupe, die sie ergreift, betäubt und zum Nest trägt. Dort angekommen, legt sie die Raupe vor dem Eingang ab, öffnet das Nest, kriecht hinein, dreht sich um und zieht von innen die Raupe ins Nest. Jetzt erst legt sie ein Ei ab, kriecht wieder nach draußen und verschließt das Nest von neuem.

Wenn nun ein Mensch die kurze Zeit, die die Grabwespe in ihrem Nest zubringt, dazu benutzt, die vor dem Eingang abgelegte Raupe zu verstekken, dann wiederholt sich der geschilderte Vorgang in allen Einzelheiten. Die Grabwespe sucht erneut eine Raupe, schafft sie wieder vor den Höhleneingang, legt sie dort ab, »inspiziert« ihr

Nest und erscheint von neuem, um die Raupe hineinzutragen. Ist sie wieder verschwunden, macht sie sich das nächste Mal auf die Suche ... und so weiter, bis sie nach dreißig bis vierzig Versuchen dieser Art endlich einmal die Raupe ins Nest trägt, ohne sie vorher vor dem Eingang abzulegen.

Grabwespen

So »unbelehrbar« sich die Grabwespe in diesem Punkt zeigt, so erstaunliche Lernleistungen vollbringt sie in anderen Zusammenhängen. Sie prägt sich zum Beispiel im Fluge den Weg ein, den sie später mit ihrer Beute zum Nest laufen muß, und sie ist imstande, bei einem morgendlichen Kontrollbesuch ihrer verschiedenen Nester zu erkennen, welche Aufgaben sie den Tag über in jedem einzelnen Nest zu erledigen hat. G. P. Baerends konnte durch seine Versuche nachweisen, daß die Grabwespe sich den Zustand ihrer Nester bis zu fünfzehn Stunden merkt und entsprechend handelt: Nahm er Raupen aus dem Nest einer Wespe, so ergänzte sie den Vorrat wieder, trug also insgesamt mehr ein als im Normalfall; legte er heimlich Raupen dazu, trug die Wespe weniger ein.

Unterschiedliche Lernfähigkeit

Ganz allgemein läßt sich sagen, daß die unterschiedliche Lernfähigkeit der Tiere sowohl von ihrer Entwicklungsstufe als auch von ihrer Umwelt abhängt. Höher entwickelte Tiere lernen mehr als niedere, größere mehr als kleinere. Das ist ausgiebig getestet worden mit großen und kleinen Hühnerrassen, großen und kleinen Affen, mit Pferden und Zebras, Papageien und Wellensittichen. Auch das Ausmaß der Angepaßtheit an die jeweilige Umwelt spielt eine Rolle. Sogenannte »stenöke« Formen (von griech. stenos = eng und ökos = Haus, Heimat), deren Umwelt eng begrenzt und immer gleich ist, können eher mit Hilfe angeborener Auslösemechanismen durchs Leben kommen, während die Überlebensstrategie »euryöker« Formen (von griech. eurys = weit) darin besteht, möglichst flexibel und anpassungsfähig an wechselnde Situationen zu sein. Sie sind, wie Konrad Lorenz einmal formulierte, »Spezialisten des Unspezialisiertseins«.

Die Voraussetzung dafür ist neben einer angeborenen Lernbegabung vor allem ein zentralisiertes Nervensystem, das Erfahrungen speichern und bei passender Gelegenheit ins Gedächtnis zurück-

Jede Dressur beruht auf Konditionierung. Tiere und Menschen lernen, ihr Verhalten den Erfordernissen ihrer Umwelt anzupassen, indem sie erwünschte Situationen wieder herbeiführen und unerwünschte vermeiden.

In der Dressur nutzt der Mensch die Lernfähigkeit und Lernbereitschaft von Tieren oft nur um der Sensation willen hemmungslos aus.

Durch konsequente Belohnung oder Strafen kann ein erfahrener Dompteur einem Tier selbst die widernatürlichsten Verhaltensweisen beibringen. (Rechte Seite)

rufen kann. So schwimmen Enten, die häufig von Spaziergängern gefüttert werden, schon erwartungsvoll auf Menschen zu, die mit einer Tüte in der Hand am Ufer stehenbleiben. Der Schlüsselreiz »Mensch mit Tüte« ist in diesem Fall Bestandteil eines erworbenen Auslösemechanismus (EAM). Ein Mittelding zwischen diesem und dem bereits vorgestellten angeborenen Auslösemecha-

nismus (AAM) ist der durch Erfahrung ergänzte angeborene Auslösemechanismus (EAAM). Als Beispiel dafür kann die Kröte dienen, die angeborenermaßen nach kleinen, sich bewegenden Objekten schnappt und erst allmählich durch Erfahrung lernt, welche davon für sie als Nahrung in Frage kommen. In ähnlicher Weise müssen Möwen oder Seeschwalben erst lernen, die von ihnen

Papageien gehören zu den besonders lernfähigen Vögeln und werden deshalb häufiger als andere dressiert.

ausgebrüteten Jungen als ihre Kinder zu erkennen. In den ersten fünf Tagen nach dem Schlüpfen füttern sie unterschiedslos jedes Küken, das ihren eigenen im Alter entspricht, später nur noch die eigenen.

Lernen oder Instinktreifung?

Es ist manchmal kaum zu unterscheiden, ob eine beobachtete Verhaltensänderung auf Lernen oder auf Instinktreifung zurückgeht. So beginnen Hühnerküken kurz nach dem Schlüpfen nach Körnern und anderen kleinen Gegenständen zu picken – doch sie picken meistens daneben. E. H. Hess prüfte nun mit Hilfe weicher Tontäfelchen, in deren Mitte ein Nagelkopf als »Zielscheibe« angebracht war, wie sich die Treffsicherheit der Küken im Laufe der Zeit veränderte. Während die Schnabeleinschläge in den ersten Tagen über das ganze Täfelchen verstreut waren, lagen sie am vierten Tag dicht um den Nagelkopf herum. Ähnliches zeigte sich in einem Kontrollversuch mit Küken, denen der Forscher gleich nach dem Schlüpfen eine Prismenbrille aufgesetzt hatte, die alles, was sie sahen, ein wenig nach rechts verschob. Die Einschläge der Schnabelspitze wiesen anfangs eine ebenso breite Streuung auf wie bei den brillenlosen Küken, und am vierten Tag lagen sie wieder ganz dicht beisammen – aber nicht um den Nagelkopf herum, der überhaupt nicht getroffen wurde, sondern ein Stückchen nach rechts verschoben. Es handelte sich also – das war das vielbeachtete Ergebnis dieses Versuches – nicht um ein durch Lernen verbessertes Zielen, sondern um das Reifen eines angeborenen Zielmechanismus.

Kontrollversuche mit Küken

Echtes Lernen hingegen ist notwendig, wenn ein Tier nur die Einzelelemente einer Instinkthandlung mit auf die Welt bringt, nicht jedoch die

Nicht der Dressur, sondern der Untersuchung des Verhaltens dient dieser Test. Das Grauganskküken muß sich entscheiden, hinter welchem der beiden sich bewegenden Körper es herlaufen soll.

Lernfähige Jungraben

Kenntnis, wann und wie sie sinnvoll eingesetzt werden können. Ratten beispielsweise beherrschen instinktiv alle Bewegungen, die zum Bau ihres Nestes gebraucht werden – sie müssen aber lernen, in welcher Reihenfolge diese Bewegungen zweckmäßig sind. Raben »wissen«, wo und wie sie ihr Nest bauen müssen – aber ihnen fehlt die Kenntnis des geeigneten Materials. Ein unerfahrener Rabe versucht es mit Glasscherben, Dosen, Ästchen, sogar mit Eisstückchen, die er unter schnellen Schüttelbewegungen seitlich über die Nistunterlage schiebt. Erst wenn sich das Baumaterial verhakt, lassen diese Schüttelbewegungen nach. Da sich Glasscherben und Dosen beispielsweise kaum verhaken, Äste dagegen sehr gut, lernt der junge Rabe binnen kurzer Zeit, das geeignete Baumaterial zu bevorzugen und schließlich allein zu verwenden.

Genau umgekehrt ergeht es dem Nachtreiher: Er weiß angeborenermaßen, womit er bauen muß, aber er verhält sich zunächst recht ratlos, wenn es um die Wahl des richtigen Nistplatzes geht. Solche lückenhaften Erbkoordinationen, die statt programmierter Handlungsabläufe Freiräume für die »Fähigkeit zum Erwerben« bestimmter Handlungen aufweisen, werden in Anlehnung an einen von Konrad Lorenz geprägten Begriff »Instinkt-Dressur-Verschränkung« genannt.

Prägungen

Ein Spezialfall des durch Lernvorgänge beeinflußten Verhaltens ist die Prägung, die entweder unmittelbar nach der Geburt oder in eng umgrenzten »sensiblen Phasen« der Entwicklung erfolgt. Geprägt wird zum Beispiel die Nachfolgereaktion von jungen Gänsen, die kurz nach dem Schlüpfen das Wesen für ihre Mutter halten, das sich als erstes vor ihren Augen bewegt. In den allermeisten

Wie Konrad Lorenz (oben), der als Graugans-»Vater« bzw. »Mutter« unschätzbare Erkenntnisse über das Verhalten dieser Tiere gewann, lernt auch der Zoologie-Student (unten) aus dem Zusammenleben mit seinen Forschungsobjekten mehr als aus vielen dicken Büchern.

Fällen ist das natürlich die Gänsemutter, aber gelegentlich kann es auch ein zufällig durchs Schilf gleitendes Boot sein oder ein Mensch, der zu Forschungszwecken kleine Gänschen im Brutapparat schlüpfen läßt und dann – wie Oskar Heinroth und eine Generation später Konrad Lorenz es mit viel Humor beschrieben haben – seine liebe Not damit hat, das nunmehr fehlgeprägte Gänsekind einer artgemäßen Mutter unterzuschieben. Denn die Prägung läßt sich nicht mehr rückgängig machen.

Bei der sogenannten »Objektprägung«, zu der die Nachfolgereaktion nestflüchtender Jungvögel zu rechnen ist, lernt das Tier die auslösenden Reize für eine Instinkthandlung. Eine bestimmte Buntbarschart (Hemichromis bimaculatus) ist prägbar in bezug auf ihre Brutpflegereaktionen. Diese Fische »wissen« nicht, wie ihre Jungen aussehen müssen, und wenn man ihnen beim ersten Brutzyklus fremde Eier statt der eigenen unterschiebt, nehmen sie die daraus schlüpfenden Fischchen als ihre Kinder an und ziehen sie auf, sind dann aber nie mehr imstande, eine eigene Brut großzuziehen.

Sexuelle Prägung

Besonders gut dokumentiert ist das Phänomen sexueller Prägung bei Vögeln. So schildert Konrad Lorenz (in seinem Buch »Er redete mit dem Vieh, den Vögeln und den Fischen«) den tragikomischen Fall eines fehlgeprägten weißen Pfauhahnes im Schönbrunner Tiergarten: »Als letzten Überlebenden einer früh geschlüpften und von schlechtem Wetter vernichteten Pfauenbrut brachte man ihn in den wärmsten Raum, der damals, in der Zeit nach dem Ersten Weltkriege, zur Verfügung stand, nämlich zu den – Riesenschildkröten. Dieser unglückliche Vogel balzte späterhin sein ganzes Leben hindurch nur vor Riesenschildkröten und blieb blind und taub für die Reize der schönsten Pfauenhennen!«

In Experimenten mit verschiedenen Gänse- und Entenarten tauschte F. Schutz einzelne Eier aus und ließ die daraus schlüpfenden Jungvögel mit der jeweils fremden Art aufwachsen. Als Erwachsene waren sie erwartungsgemäß auf die Art geprägt, der Stiefmutter und -geschwister angehörten. Sie verpaarten sich zwar auch mit Weibchen ihrer eigenen Art, wenn man ihnen keine andere Wahl ließ, zogen aber ihr Leben lang diejeni-

Sensible Phase

gen vor, auf die sie geprägt waren. Die sensible Phase, in der sich das Bild des künftigen Geschlechtspartners einprägt, endet bei Stockenten nach etwa fünfzig Tagen, also zehn bis dreißig Tage bevor sich die Mutterfamilie auflöst, weil die Küken selbständig geworden sind. Bei Graugänsen, die insgesamt etwa dreihundert Tage im Familienverband leben, ehe sie ihrer eigenen Wege gehen, liegt die sensible Phase für sexuelle Prägung entsprechend später, nämlich zwischen dem fünfzigsten und zweihundertsten Lebenstag.

So wie im Falle sexueller Prägung der Effekt dieses Vorgangs erst sichtbar wird, wenn das Tier bereits erwachsen ist, so wirkt sich auch manche »motorische Prägung« erst bei geschlechtsreifen Tieren aus. Unter solche motorischen Abläufe oder »Bewegungsmuster« fallen auch Vogelgesänge, die ja mittels fein abgestimmter Muskelbewegungen hervorgerufen werden. Unser Sprichwort »Wie die Alten sungen, so zwitschern auch die Jungen« gilt auch dann, wenn man »Alte« und »Junge« vorzeitig trennt. Die jungen Vögel merken sich den Gesang, den sie während ihrer sensiblen Phase zu hören bekommen, und reproduzieren ihn, sobald sie erwachsen sind. Nun singen ja normalerweise nur die Männchen. Daß sich auch Weibchen genau einprägen, was sie als Jungvögel hören, konnte Klaus Immelmann nachweisen, als er bei seinen Versuchen mit Zebrafinken einigen Weibchen männliche Geschlechtshormone verabreichte. Sie begannen ebenfalls zu singen, und zwar den Gesang der Art, von der sie aufgezogen worden waren.

Empfindsame Entwicklungsabschnitte

Daß es besonders empfindsame Phasen, in denen nicht oder nur schwer rückgängig zu machende Verhaltensmuster erworben werden, auch bei Säugetieren gibt, ist vereinzelt beobachtet worden. So durchleben Hunde zwischen ihrer vierten und sechsten Lebenswoche eine Zeit, in welcher der Grund für die Entwicklung sozialer Beziehungen gelegt wird. Schafe oder Fohlen lassen sich kurz nach der Geburt auf den Menschen oder andere Ersatzmütter prägen, und umgekehrt werden Mütter in der gleichen Zeit auf ihr eben geborenes Kind geprägt. Nimmt man beispielsweise einer Ziege ihr Junges unmittelbar nach der Geburt weg und bringt es erst am nächsten Tag zurück, so lehnt sie es für alle Zeit ab. Bei Menschen ist die kurzfristige Trennung von Mutter und Kind zu diesem frühen Zeitpunkt zwar nicht von solchen extremen Folgen bedroht, doch muß nach dem derzeitigen Wissensstand angenommen werden, daß viele Kontaktschwierigkeiten zwischen Müttern und Kindern auf das Versäumen dieser kritischen Phase zurückzuführen sind.

Ursache von Störungen

Wie wichtig eine ungestörte Mutter-Kind-Beziehung vor allem in den ersten Lebensjahren ist, zeigt sich an den alarmierenden Krankheitssymptomen und Entwicklungsstörungen, die bei Heimkindern beobachtet worden sind. Nach einer Phase aggressiver Auflehnung verfallen Kinder, die im ersten Lebensjahr von ihren Müttern getrennt und in Krankenhäusern oder Säuglingsheimen betreut werden, zunehmend in Teilnahmslosigkeit. Es scheint, als sei in ihnen aller Lebenswille erloschen, sie verlieren an Gewicht, auch wenn sie gut ernährt werden, sie schlafen entweder übermäßig viel oder leiden an Schlaflosigkeit, und ein erschreckend hoher Prozentsatz stirbt noch vor Anbruch des dritten Lebensjahres.

René A. Spitz hat die Verfallserscheinungen, die bei solchen Kindern auftreten, unter dem Namen »Hospitalismus« zusammengefaßt, und eine umfangreiche Studie über »Mütterliche Zuwendung und geistige Gesundheit«, die John Bowlby 1951 im Auftrag der Weltgesundheitsorganisation

Viele Tiere – so auch diese Fuchsmutter – adoptieren hilflose Säuglinge anderer Tierarten: Ein von bestimmten Auslösereizen der Jungen hervorgerufenes Pflegeverhalten.

(WHO) angefertigt hat, bestätigt die verheerenden Folgen, die frühe »Deprivation« (von lat. privatio = Beraubung, Entzug) verursacht. Auch wenn heute nicht mehr so viele Heimkinder sterben wie in den ersten Jahrzehnten unseres Jahrhunderts, so bleiben doch die meisten in ihrer Entwicklung deutlich hinter Familienkindern zurück. Sie erreichen selten einen Intelligenzgrad, der sie als Erwachsene zu einer qualifizierten und selbständigen Arbeit befähigt, und ihre früh erworbenen Verhaltensstörungen erschweren ihnen lebenslang einen befriedigenden Kontakt mit anderen Menschen.

Menschen lernen nun einmal nicht nur Fakten, die ihre materielle Umwelt betreffen, etwa welche Nahrungsmittel genießbar oder welche Orte ge-

Kinder lernen am leichtesten und nachhaltigsten in den sensiblen Phasen ihrer Kindheit. Übertriebener Lernehrgeiz der Eltern kann jedoch zu Störungen führen.

Wie wichtig eine ungestörte Mutter-Kind-Beziehung ist, zeigt die Teilnahmslosigkeit im Gesicht dieses Heimkindes. Oft kann sie in aggressives Verhalten umschlagen.

fährlich sind, sie lernen vor allem so grundlegende Haltungen wie Vertrauen oder Mißtrauen, Liebe oder Haß, Kommunikationsfähigkeit, also die Verständigung mit anderen Menschen, oder Gleichgültigkeit. Und sie lernen am leichtesten und nachhaltigsten in den sensiblen Phasen ihrer Kindheit und Jugend. Ein späteres Umlernen gelingt bei den prägungsähnlichen Fixierungen, wie sie zum Beispiel im Sexualverhalten oder in der Festlegung auf bestimmte gesellschaftliche Wertvorstellungen gegeben sind, selten oder nie.

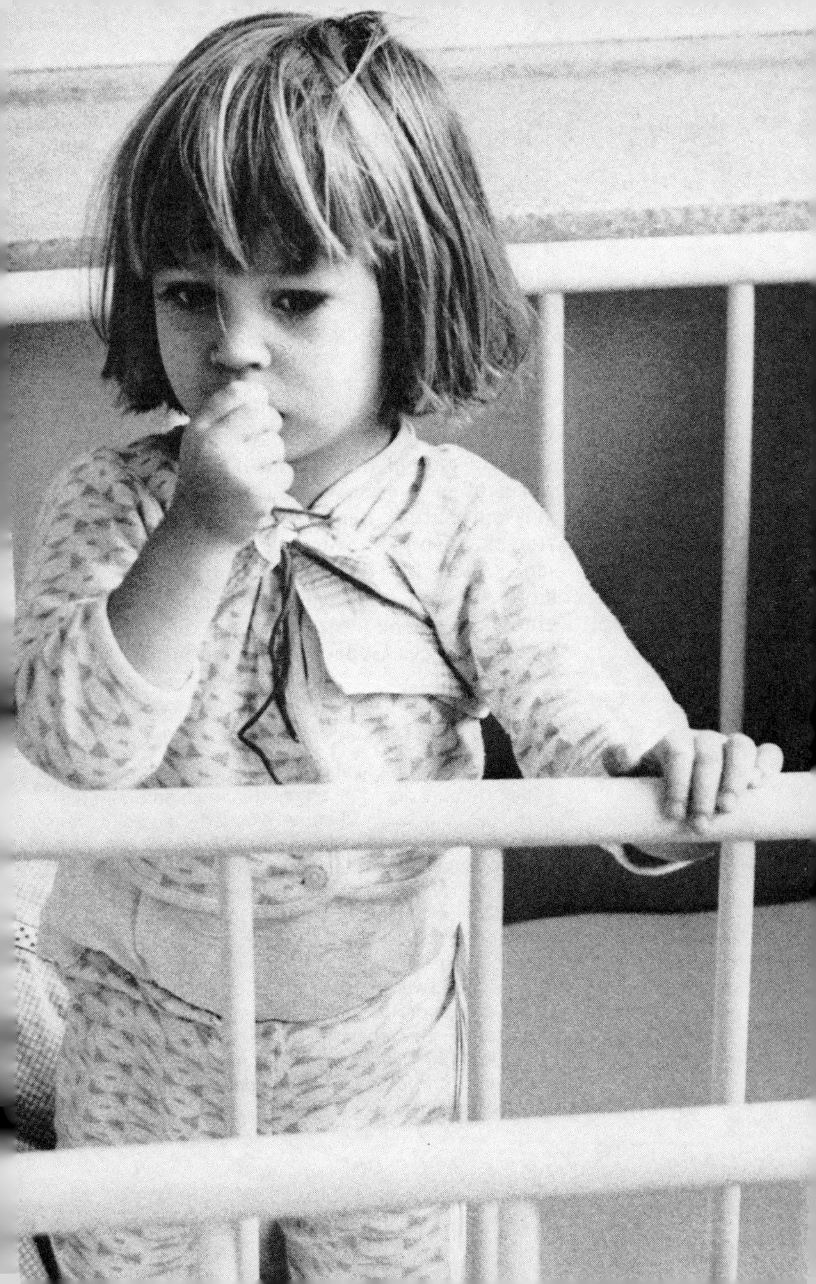

Wie Menschen und Tiere lernen

Die Frage, wie Menschen und Tiere lernen, gehört seit der Jahrhundertwende zu den meistuntersuchten Themen der Verhaltensforschung im weitesten Sinne des Wortes. Mediziner, Zoologen, Psychologen, Erziehungswissenschaftler oder Soziologen, sie alle haben sich brennend dafür interessiert, welche Gesetzmäßigkeiten dem Lernen zugrunde liegen, und seit den fünfziger Jahren unseres Jahrhunderts bemühen sich die Forscher darüber hinaus, der Natur des Gedächtnisses auf die Spur zu kommen. Da gibt es die Theorie, das Gedächtnis bestehe aus elektrischen Schwingkreisen, die einmal durch eine bestimmte Erregung angestoßen werden und weiterlaufen. Andere Wissenschaftler nehmen an, daß Strukturänderungen an und in den Ganglien (= Nervenknoten)-Zellen für das Gedächtnis verantwortlich sind. Am spektakulärsten erscheint die Annahme einer chemischen Struktur, die eine stoffliche Grundlage des Gedächtnisses voraussetzt.

Der Lerntrieb »Neugier«

Eine wichtige Motivation zum Lernen stellt die Neugier dar, die der Mensch mit den meisten Säugetieren gemein hat. »Offenbar existiert«, schreibt Irenäus Eibl-Eibesfeldt in seinem »Grundriß der vergleichenden Verhaltensforschung«, »ein Lerntrieb, den man als ›Neugier‹ bezeichnen kann. Es läßt sich nachweisen, daß sowohl der Drang besteht, neue motorische Fertigkeiten zu erlernen als auch Eindrücke zu empfangen und auf diese Weise Kenntnisse zu erwerben. Das haben z. B. Dressurversuche ergeben. Rhesus-Affen lernten ein Zusammensetzspiel ohne irgendeinen anderen Anreiz als den der Aufgabe. Sie lernten ferner eine bestimmte Aufgabe, wenn sie als Belohnung dafür aus ihrem Käfig schauen durften.«

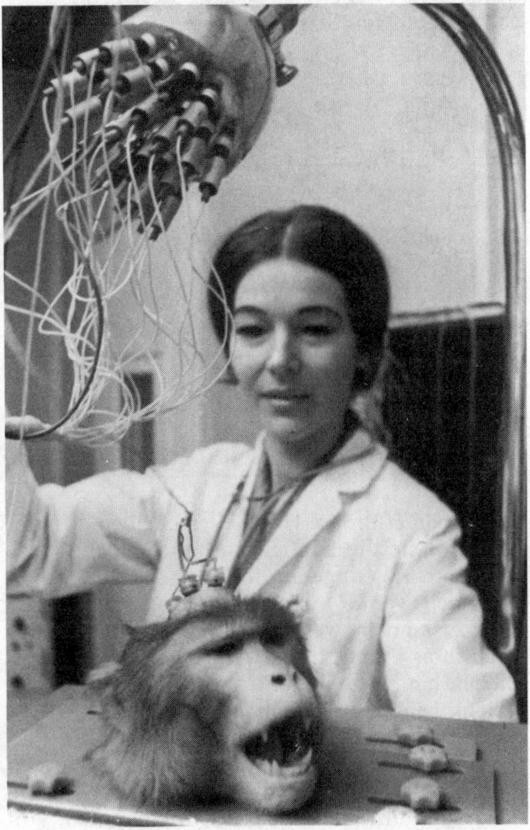

Lern- und Anpassungsfähigkeit ist eine Seite des Verhaltens und damit automatisch auch die des Gehirns. Hier soll das Gehirn eines Rhesusaffen kartographiert werden.

So wenig greifbar und entsprechend schwer begreiflich die Beschaffenheit der Gedächtnisspuren oder »Engramme« bis heute geblieben ist, so simpel erscheinen die Gesetze, auf die man bei der experimentellen Untersuchung der Lernvorgänge gestoßen ist. Als einfachsten Lernvorgang bezeichnet man die Gewöhnung. Eine Pute flieht anfangs vor allen langsam fliegenden großen Vö-

Neugier ist nicht nur beim Menschen ein Antrieb zum Lernen. Beim Spiel lernt der Schimpanse, daß sich die Bambusstäbe ineinanderstecken lassen.

geln, die über ihr am Himmel erscheinen. Mit der Zeit lernt sie die häufiger auftauchenden Gänse oder Enten als ungefährlich kennen und flüchtet nur noch vor Raubvögeln. Ein Krallenfrosch zuckt zusammen, wenn man an die Scheibe seines Aquariums klopft. Doch wenn sich solche Klopfzeichen häufen, ohne daß sonst irgend etwas geschieht, beachtet er sie nicht weiter.

Ganz allgemein kann man sagen, daß Tiere und Menschen auf Reize reagieren, solange sie neu sind, und sie kaum noch wahrnehmen, wenn sie sich häufig und konsequenzlos wiederholen. Völlig anders verhalten sich beide gegenüber solchen Reizen, die sie in positivem oder negativem Sinne unmittelbar berühren.

Konditionierungen

Das bedeutet, auf eine einfache Formel gebracht: Menschen und Tiere fühlen sich gleichermaßen

von positiven Reizen angezogen und von negativen abgestoßen. Sie meiden, oft schon nach einmaliger Erfahrung, was weh tut oder erschreckt, und sie trachten danach, angenehme, lustvolle Situationen von neuem herbeizuführen. Sie lernen aus ihren Erfahrungen, und das nicht unbedingt aufgrund einer verstandesmäßigen Einsicht in ursächliche Zusammenhänge, sondern ebensogut unbewußt und infolge zufälliger Verknüpfungen. Verhaltenswissenschaftler sprechen in solchen Fällen von »Konditionierung«.

Jede Dressur beruht auf Konditionierung, und die praktische Kenntnis dieses Zusammenhanges ist sehr viel älter als der wissenschaftliche Nachweis der Gründe, warum ein Hund »Männchen macht« oder ein Delphin Basketball spielt. Der Mann, der entscheidend zur wissenschaftlichen Durchdringung des Lernprozesses beigetragen hat, hieß Iwan Petrowitsch Pawlow und kam über die Physiologie zur Psychologie. Berühmt geworden ist der Nobelpreisträger durch die »Pawlow-

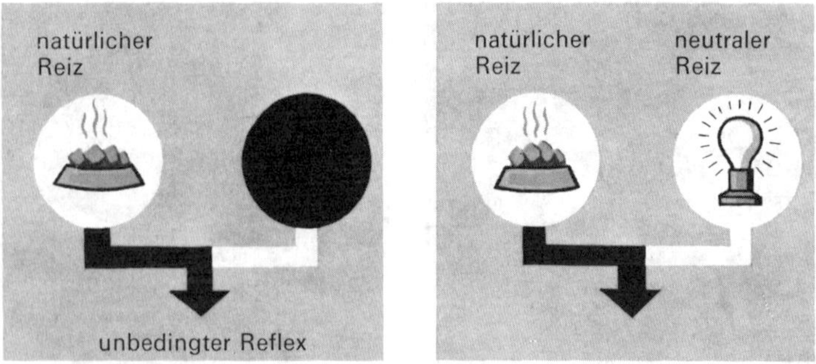

Das war der Versuch mit Pawlows Hund: Zunächst roch er nur das Essen, dann sah er zusätzlich die Lampe leuchten. Dann reagierte er schon auf die Lampe mit Speichelabsonderung.

schen Hunde«, an denen zum erstenmal der Nachweis gelang, daß angeborene Reaktionen auch dann eintreten, wenn man den auslösenden Reiz bestimmten Bedingungen unterwirft.

Eine angeborene oder unbedingte Reaktion bei Hunden ist zum Beispiel die Speichelabsonderung beim Anblick eines ihnen bekannten guten Essens. Ihnen läuft – genau wie einem hungrigen Menschen – das Wasser im Mund zusammen, wenn sie die Futterschüssel erblicken, aus der sie sich im nächsten Augenblick sättigen dürfen. Iwan Petrowitsch Pawlow ließ seine Versuchshunde im Labor nun genau eine halbe Minute vor der Fütterung einen Ton bestimmter Höhe, Lautstärke und Dauer hören, der zunächst keinerlei Reaktion auslöste, da er weder als besonders angenehm noch als schmerzlich empfunden wurde. Doch schon nach kurzer Zeit verstanden die Hunde den Ton als Ankündigung des bald erscheinenden Futters, und sie begannen Speichel abzusondern, sobald sie diesen Ton vernahmen, und nicht erst, nachdem sie das Futter erblickt hatten. Der durch den Ton ausgelöste Speichelfluß wurde von Pawlow als »bedingter Reflex« bezeichnet; den Vorgang, der dazu führte, nannte er »konditionieren«, nach dem lateinischen Wort »conditio« für »Bedingung«. Der wissenschaftli-

che Versuch selber ist als Musterbeispiel der »klassischen Konditionierung« in die Literatur eingegangen und in den verschiedensten Abwandlungen oft wiederholt worden. So stellt beispielsweise das Blinzeln eines Menschen, der von einem schwachen, fein dosierten Luftstrahl am Auge ge-

»Ahnherr« moderner Lerntheorien

Iwan Petrowitsch Pawlow (geb. 1849 in Rjasan, Rußland, gest. 1936 in Leningrad) hatte schon den Nobelpreis der Medizin für seine Erkenntnisse von den Vorgängen der Verdauung erhalten, bevor er sich tierischem Verhalten widmete und die Grundlagen der modernen Lerntheorien schuf.

Der Grundversuch Pawlows sieht etwa so aus: Kurz nach einem Glockenzeichen bekommt ein Hund Futter. Schon nach wenigen Versuchen läuft dem Tier nicht erst nach Anblick des Fleischbrokkens das Wasser im Maul zusammen, sondern schon bei Ertönen der Glocke. Der vorher bedeutungslose Ton löst jetzt allein die Speichelabsonderung aus. Pawlow nannte dieses Verhalten den »bedingten Reflex« und ermittelte auf dieser Grundlage eine ganze Reihe von exakten Lerngesetzen, die er zu einer systematischen Theorie ausbaute. Insofern kann Pawlow mit Recht als der Ahnherr moderner Lerntheorien bezeichnet werden.

Iwan Petrowitsch Pawlow schuf, nachdem er bereits den Nobelpreis für Medizin erhalten hatte, die Grundlagen der modernen Lerntheorien.

troffen wird, einen unbedingten Reflex dar. Die Lider schließen sich von selber, ganz ohne Willen und Wissen des betroffenen Menschen. Wenn man nun einen Pfeifton erklingen läßt, bevor man das Auge der Versuchsperson dem Luftstrahl aussetzt, so führt nach 40 bis 60 Versuchen der Ton allein bereits zum Lidschlußreflex. Der unbedingte Reflex hat sich damit in einen bedingten Reflex verwandelt.

Konditionierungen im Alltag

Konditionierungen spielen aber nicht nur unter Labor-Bedingungen, sondern auch im täglichen Leben eine beträchtliche Rolle. Den meisten Menschen wird schon ganz elend zumute, wenn sie im Wartezimmer des Zahnarztes nur das Bohrgeräusch hören, das durch die Wand dringt. Andere erschrecken jedesmal, wenn sie eine Polizeiuniform erblicken, nur weil man ihnen in der Kindheit mit Polizisten oder Gefängnis zu drohen pflegte. Diese Ängste sind konditioniert, und selbst das sichere Wissen, daß man von der Polizei nichts zu fürchten hat oder daß der Zahnarzt gar nicht bohren wird, da man nur zu einer Routineuntersuchung bei ihm erschienen ist, ändert nichts an der spontanen Reaktion.

Das ebenfalls von Pawlow entdeckte Lerngesetz der Generalisierung (Verallgemeinerung) ist verantwortlich dafür, daß einmal gemachte Erfahrungen auf spätere vergleichbare Situationen übertragen werden. Das Gesetz der Differenzierung beschreibt den umgekehrten Vorgang. So haben viele Kinder Angst vor dem Haareschneiden, weil sie immer wieder eindringlich vor Messer und Scheren gewarnt worden sind – sie generalisieren die von den Eltern ausgesprochene Warnung. Erst wenn sie aus Erfahrung wissen, daß die Schere des Friseurs ihnen nicht weh tut, lernen sie zwischen »Haare schneiden« und »in den Finger schneiden« zu unterscheiden – sie differenzieren.

Lernen durch Verstärkung

So wie Verhalten im Experiment oder durch Erziehung konditioniert werden kann, wird es manchmal auch infolge zufälliger Zusammenhänge verändert. Manche Forscher sehen hier die Wurzeln des Aberglaubens. Vermutlich hat das Kleid, das eine Sängerin bei einem Schlagerwettbewerb trägt, keinen entscheidenden Einfluß auf Sieg oder Niederlage. Die Schuhe, die Haarspange oder der Ring und alles, was sie sonst noch trägt, sind ganz bestimmt unbedeutend im Hinblick auf das Wettbewerbs-Ergebnis. Trotzdem können viele Menschen aus eigenem Erleben nachvollziehen, was die Siegerin eines nationalen Wettkampfes sich für die internationale Endrunde vorgenommen hat: »Ich singe in demselben Folklore-Kleid wie in München. Das war ein gutes Omen. Deshalb ziehe ich von der Strumpfhose bis zu den Ohrringen alles wieder an.«

Operante Konditionierung

Wissenschaftlich betrachtet ist diese Aussage einer Sängerin ein schönes Beispiel für das Gegenstück zur bereits erwähnten »klassischen Konditionierung«, nämlich für die sogenannte »operante Konditionierung« (von lat. operari = arbeiten, verrichten). Wenn ein Mensch oder ein Tier unmittelbar nach einer bestimmten, zunächst ganz zufälligen Verrichtung »belohnt« wird, dann wächst seine Bereitschaft, diese Verrichtung zu wiederholen. Ganz allgemein spricht man in solchen Fällen von »Lernen durch Verstärkung« oder »instrumentellem Lernen«, weil das Lernen als Werkzeug (lat. instrumentum) eingesetzt wird, um ein Ziel zu erreichen.

Aufbauend auf Experimenten, die der amerikanische Psychologe Edward L. Thorndike in den neunziger Jahren des vorigen Jahrhunderts begonnen hat, wurde Burrhus Frederic Skinner zum bekanntesten Vertreter der These, daß mit konsequenter Verstärkung im richtigen Augenblick bei

Die »Skinnerbox« ermöglicht es dem Forscher, den Lernerfolg eines Tieres in Abhängigkeit von einer gebotenen Belohnung zu messen. Diese Maus wird darauf dressiert, sich mit Druck auf bestimmte Tasten ihr Futter zu verdienen.

Tieren und Menschen so gut wie jedes Verhalten hervorzurufen sei. Mit der inzwischen fast legendären »Skinner-Box«, einer Art Lernkasten, entdeckte er die Gesätzmäßigkeiten des instrumentellen Lernens, die – und das macht ihre Kenntnis so wichtig – häufig auf unbeabsichtigten und vom Lernenden gar nicht bewußt wahrgenommenen Verstärkungen beruhen.

Ratten oder Tauben lernten in den von Skinner verwendeten, gegen äußere Einflüsse abgeschirmten Versuchskästen, durch Drücken eines Futterhebels eine karge Nahrungsration zu erringen, und sie paßten sich allen wechselnden Versuchsbedingungen erstaunlich rasch an. Sie drückten den Hebel nicht nur, wenn jedesmal Futter aus dem Automaten ausgeworfen wurde, sondern fan-

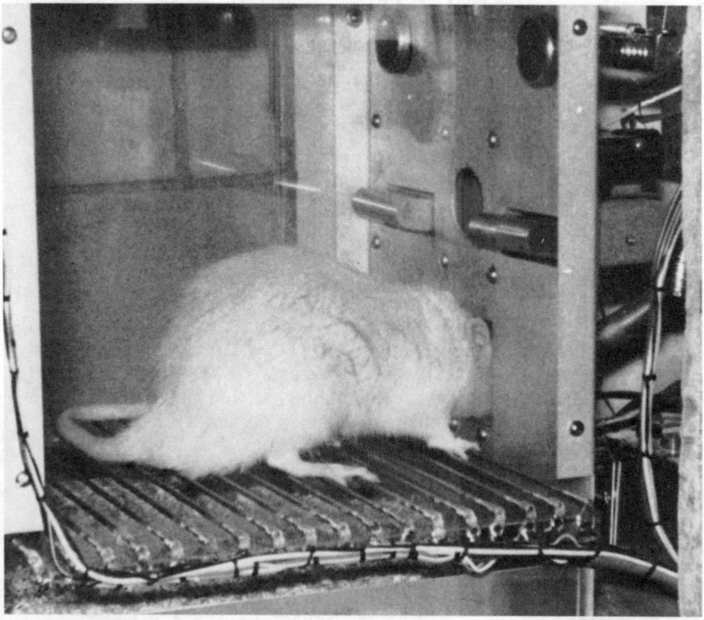

den sich damit ab, daß vier-, fünf-, zwanzig- und schließlich hundertfaches Hebeldrücken erforderlich war, um einmal an das begehrte Futter zu kommen. Skinner beobachtete, daß sich mit der Zeit das Verhalten seiner Versuchstiere dem von ihm angewandten Belohnungsmuster anpaßte.

Bei jedem richtigen Griff erhält sie nur eine winzige Portion Futter. Je seltener sie belohnt wird, desto mehr steigert sie ihr »Arbeitstempo«.

Wenn Tauben beispielsweise hundertmal auf eine erleuchtete Scheibe oberhalb ihres Futternapfes picken mußten, um eine Futterration zu erhalten, so taten sie dies in rasender Eile und ohne sich ablenken zu lassen. Merkten sie jedoch, daß der Futternapf regelmäßig eine halbe Minute leer blieb, ganz gleich, wie eifrig sie picken mochten, so warteten sie diesen Zeitraum in aller Ruhe ab und begannen erst zum Belohnung versprechenden Termin aufs neue zu picken.

Theoretiker des Lernens

Burrhus Frederic Skinner (geb. 1904 in Susquehanna/USA) ist als Vater des programmierten Unterrichts bekanntgeworden. Skinner hatte sich zunächst dadurch einen Namen gemacht, daß er den klassischen Begriff des bedingten Reflexes von Pawlow erweiterte und durch zahlreiche interessante und ausgeklügelte Experimente erhärtete.

Später auf den Erkenntnissen E. L. Thorndikes, E. R. Guthries und vor allem C. L. Hulls aufbauend, entwickelte er mit seiner »Zwei-Faktoren-Theorie« die aktuellste Form der Lerntheorie. Er vereinigt in dieser Theorie die These Guthries, daß Lernen durch Wiederholung zustande kommt, mit jener von Hull, die der Belohnung, die auf einen Reiz folgt, den maßgeblichen Anteil am Lernerfolg zuschreibt.

Seine Theorie basiert auf Tierversuchen, die er in der nach ihm benannten »Skinner-Box« durchgeführt hat.

Burrhus Frederic Skinner entwickelte mit der »Zwei-Faktoren-Theorie« die aktuellste Form der Lerntheorie.

Verhaltensweisen, die das Versuchstier unmittelbar vor Füllung des Futternapfes zeigte, wurden häufig von ihm selbst mit der »Belohnung« in Verbindung gebracht und unablässig wiederholt, als ließe sich damit das Futter herbeizaubern. J. G. Holland und B. F. Skinner beschreiben ein solches Experiment in ihrem Buch »Analyse des Verhaltens« folgendermaßen:

»Der Versuchsleiter setzt mehrere Tauben in getrennte Experimentierboxen. Ein Futtermagazin gibt jeder Taube alle 15 Sekunden eine kleine Futtermenge, unabhängig davon, was die Taube gerade tut. Wenn der Versuchsleiter später wiederkommt, findet er einen Vogel ganz still sitzend, ein anderer hüpft von einem Fuß auf den anderen; einer dreht sich immer im Kreise herum; wieder ein anderer hebt und senkt seinen Kopf usw. Jeder Vogel wiederholt zwischen den Futterdarbietungen fortgesetzt sein eigenes ›Ritual‹.«

So wie sich durch Belohnungen ein Verhalten verstärken läßt, so tragen Strafen oder Schmerzreize dazu bei, Verhalten abzudressieren. Ratten können lernen, dunkle Löcher zu vermeiden, in denen sie von Natur aus Zuflucht suchen, wenn man ihnen dort elektrische Schläge verabreicht. Junge Gänse lernen aus den Angriffen älterer, im Rang über ihnen stehender Gänse, daß sie sich diesen gegenüber bescheiden und friedlich zu verhalten haben. Und daß auch Menschen nach den gleichen Prinzipien lernen, weiß jeder von uns aus eigener Erfahrung. Belohnungen und Strafen gibt es aber nicht nur im Laboratorium oder in der vergleichsweise künstlichen Welt des Menschen, sondern genauso in der natürlichen Umwelt der Tiere, in der Erfolg oder Mißerfolg oft genug über Tod oder Leben entscheidet. Lernfähigkeit und die Möglichkeit, einmal gewonnene Erfahrungen in Verhaltensänderungen umzusetzen, erweitern den Handlungskreis einer Art und tragen damit zu verbesserten Überlebenschancen bei.

Gruppenbildung und Verständigung

Schulschluß in einer ländlichen Mittelpunktschule. Die Schüler der ersten bis vierten Klasse sind angehalten, in der Halle zu warten, bis ein Lehrer den Weg zum bereits vor der Tür stehenden Schulbus freigibt. Eines Tages ist kein Lehrer da. Zwei Achtjährige treten zögernd vor die Tür, schauen sich um, möchten endlich einmal die ersten sein und trauen sich doch nicht so recht. Da stürmt eine kleine Gruppe Viertkläßler an ihnen vorbei, auf den Bus zu, und der eine Achtjährige läuft sofort mit, während der andere beschwörend ruft: »Aber wir dürfen doch nicht . . .« Doch ehe er den Satz zu Ende bringt, haben seine Beine ihm schon die Entscheidung abgenommen, ob er nun darf oder nicht, und unaufhaltsam folgt die bis dahin brav wartende Schülerschar.

Instinktives Mitlaufen

Wir sprechen von »Herdentrieb« oder, meist in übertragenem Sinn, von »Mitläufertum«, wenn wir die weitverbreitete Tatsache umschreiben wollen, daß der Mensch dazu neigt, wider besseres Wissen und unter Ausschaltung seines Verstandes das nach- oder mitzuvollziehen, was andere ihm vormachen. Und daß überhaupt so viel Erziehungsarbeit nötig ist, um einem Kind die schwerwiegenden Nachteile solch »instinktiven« Mitlaufens klarzumachen, beweist bereits, wie tief die Neigung dazu in uns verwurzelt ist.

Was aus der Sicht des auf Individualismus und Entscheidungsfreiheit drängenden Menschen wie ein Rückfall in finstere Urzeiten wirkt, ist für eine

Reflexartiges »Mitziehen«, dem Herdentrieb bei Tieren vergleichbar, gibt es nicht nur bei Demonstrationen. Es handelt sich um typische, elementare Verhaltensweisen.

Vielzahl von Tieren alles andere als ein Makel; im Gegenteil, das Leben im Verband bedeutet für sie nicht Einschränkung, sondern optimale Entfaltungsmöglichkeit.

Gesellschaftliches Verhalten der Tiere

Der Verhaltensforscher unterscheidet zwischen Ansammlungen von Tieren, die durch äußere Umstände provoziert werden, und verschiedenen Verbandsformen, die infolge »sozialer Attraktion« zustande kommen, also einem angeborenen Bedürfnis der jeweiligen Tierart nach Geselligkeit entsprechen. Ansammlungen oder »Aggregationen« bilden beispielsweise Schmetterlinge, die sich an günstig gelegenen Tränken zusammenfinden, Salamander, die im Herbst Erdhöhlen aufsuchen, um dort gemeinsam mit vielen anderen den Winter zu verschlafen, oder Weberknechte, die gelegentlich zu Tausenden zusammengeballt den regenarmen Tropensommer in der Astgabel eines Kaktus verbringen, um der Gefahr der Austrocknung zu entgehen.

Sammeln sich dagegen Vögel oder Fische in großen Schwärmen, so liegt das im allgemeinen nicht an der Attraktivität eines bestimmten Platzes. Anziehend wirkt hier in erster Linie die Masse der Artgenossen, ein Geborgenheit signalisierendes Zentrum, zu dem alle vereinzelten, verirrten oder abgesprengten Schwarmmitglieder immer wieder zurückstreben. In den sogenannten »anonymen Verbänden« kennen sich die einzelnen Mitglieder nicht persönlich; ob ein neues Mitglied aufgenommen wird, hängt nur davon ab, ob

Gesellschaftliche Organisationsformen im Tierreich

Bei den gesellschaftlichen Organisationsformen im Tierreich unterscheidet man zwischen Aggregationen, anonymen Verbänden und individualisierten Verbänden.

Aggregationen (Ansammlungen) bilden Tiere, auch verschiedener Arten, die aufgrund äußerer Gegebenheiten (reichliches Nahrungsangebot, günstige klimatische Verhältnisse) an einem Ort zusammenkommen.

Anonyme Verbände sind Tieransammlungen, in denen sich die einzelnen Tiere nicht kennen, aber aufgrund einfacher artspezifischer Signale zusammenhalten (soziale Attraktion). Es gibt offene und geschlossene anonyme Verbände. Zu den ersteren gehören z. B. Fischschwärme, zu den letzteren Ratten- und Mäusesippen oder Insektenstaaten. Während zum offenen anonymen Verband jeder Artgenosse stoßen kann, der im Aussehen zur Gruppe paßt, haben zum geschlossenen anonymen Verband nur Gruppenmitglieder Zugang, die z. B. durch einen spezifischen Gruppengeruch erkennbar sind.

Individualisierte Verbände zeichnen sich dadurch aus, daß ihre Mitglieder einander persönlich kennen. Rangordnungssysteme bestimmen den Platz des einzelnen in der Gruppe, wobei die ranghohen Tiere meist den Schutz der Gruppe übernehmen.

es die Gruppennormen erfüllt. So müssen Fische etwa eine bestimmte Größe oder Vögel eine unverwechselbare Gefiederfärbung aufweisen, um von den Schwarmgenossen als ihresgleichen erkannt zu werden.

Wichtigster Grund für den Zusammenschluß vieler Einzeltiere zu großen Verbänden dürfte der Schutz vor Feinden sein. Raubtiere sind im allgemeinen unfähig, in einer durcheinanderwimmelnden Masse von Tieren ein einzelnes Opfer auszusuchen und im Auge zu behalten – eine Tatsache, von der Heringe ebenso profitieren wie Stare, Antilopen oder Schafe. Man nennt das den Konfusionseffekt. Und während die Schwarm- oder Herdentiere bei Gefahr alles daransetzen, in der Masse ihrer Artgenossen unterzutauchen, um dem

In einer Dauergesellschaft mit starker sozialer Gliederung, das heißt mit ausgeprägter Rangordnung, leben die Wölfe.

Sehr viele Tiere leben ständig oder zu bestimmten Zeiten in Gruppen zusammen. Je nach dem Zweck ihres Zusammenschlusses spricht man z. B. von Fortpflanzungsgesellschaften, von Überwinterungsgesellschaften oder Jagdgesellschaften. Das Leben in Herden (links: Wildpferde; oben: porzellanfarbiges Damwild; rechts oben: Zebras) wird vor allem von relativ wehrlosen Pflanzenfressern bevorzugt, während Raubtiere (rechts: Wölfe) entweder allein oder in überschaubaren Gruppen jagen.

Gruppenbildung

In der Gemeinschaft werden sowohl Tiere als auch Menschen »stärker«. Nur so ist der Angriff der Stare auf den Bussard zu verstehen.

Freßfeind kein Ziel zu bieten, läuft die Taktik der Raubtiere darauf hinaus, einzelne Beutetiere vom Schwarm abzusprengen. Relativ leicht gelingt das bei denen, die ohnehin schon gewisse Außenseiterpositionen einnehmen, also bei jungen und unerfahrenen ebenso wie bei kranken, altersschwachen und verletzten Tieren, und schließlich auch bei solchen, die in ihrem Erscheinungsbild von der Masse abweichen. So fängt ein Habicht aus einem grauen Taubenschwarm mit ziemlicher Sicherheit eine einzelne weiße heraus, und nach dem gleichen Prinzip fällt ein schwarzes Schaf eher einem Wolf zum Opfer als ein weißes.

Der Schutz, den die relative Unkenntlichkeit zwischen lauter gleich aussehenden Artgenossen gewährt, wird verstärkt durch den oft überraschenden Mut, den schwache Tiere in Gemeinschaft mit anderen plötzlich entwickeln können. Einzelne Stare flüchten, wenn sie einen Raubvogel erblicken – ein Starenschwarm greift ihn an und ist durchaus imstande, den Feind in die Flucht zu schlagen. Schimpansen kämpfen in Gruppen gegen Leoparden, vor denen sie sonst davonlaufen, und Dohlen greifen sogar ihnen vertraute Menschen an, wenn diese eine Dohle oder auch nur einen dohlenähnlichen, baumelnden schwarzen Gegenstand in der Hand tragen.

Schutz bei Aufzucht der Jungen

Noch deutlicher zeigt sich der Überlebenswert, den gegenseitiger Schutz bietet, wenn es um die Aufzucht der Jungen geht. Viele Seevögel brüten in Kolonien und ziehen dort gemeinsam ihren Nachwuchs auf, und zwar zeitlich genauestens aufeinander abgestimmt (synchron). Ein einzeln oder in einer kleinen Gruppe brütendes Seeschwalbenpaar wäre den Raubzügen der Silbermöwen, die es auf seine Eier und Küken abgesehen haben, hilflos ausgeliefert. In einer Brutkolonie aber alarmiert ein Warnruf Hunderte von Vögeln, die gemeinsam auffliegen, den Räuber einkreisen und auf ihn herabstoßen. Allerdings funktioniert diese massive Notwehr nur, wenn wirklich die Mehrzahl aller Kolonie-Mitglieder Eier oder Küken zu verteidigen hat.

Man hat immer wieder beobachtet, daß vereinzelte »Frühbrüter« in Seeschwalbenkolonien sich erfolglos gegen Nesträuber zur Wehr setzen, weil die Verteidigungsbereitschaft ihrer langsameren Nachbarn erst später erwacht.

Koloniebrütende Vögel stellen insofern einen Sonderfall des »anonymen Verbandes« dar, als sich die Anonymität der Gesamtheit in der persönlichen Bekanntschaft kleiner Gruppen teil-

Verschiedene Möglichkeiten gesellschaftlichen Verhaltens in der Tierwelt

I. Lose soziale Bindung

(Die Beziehungen der Tiere untereinander sind weitgehend unpersönlich)

Sozialer Verband	Tierbeispiele	Verhalten
Einzelgänger (solitär lebende Tiere)	die meisten Bären, Lemminge, viele Insekten	Leben einzeln, Paarung und evtl. Aufzucht des Nachwuchses werden auf das notwendige Maß beschränkt
Wandergesellschaften	Heuschrecken, Lemminge, viele Huftiere	Zeitweiser Zusammenschluß meist wegen klimatischer oder nahrungsbedingter Umstände
Schlafverbände	Krähen, Dohlen, Stare, Fledermäuse, Flughunde	Finden sich abends zu gemeinsamer Ruhe zusammen
Überwinterungsgesellschaften	Feuersalamander, Frösche, Kröten, Kreuzottern, Fledermäuse	Überwintern gemeinsam in Erdlöchern, hohlen Pflanzen, Höhlen und sonstigen Verstecken
Häutungs- und Fraßgesellschaften	Schmetterlingsraupen, Schaben	Höhere Freßleistung in der Gemeinschaft und damit schnellere Entwicklung
Jagdgesellschaften	Wölfe, Löwen, Kormorane, Pelikane, junge Barracudas	Planmäßiges Treiben oder Hetzen und Erbeuten der flüchtigen Opfer
Fortpflanzungs- und Brutgesellschaften	Möwen, Eiderenten, Reiher, Kormorane	Balz und Brutpflege auf Vogelinseln, gemeinsame Feindabwehr
Fortpflanzungsgesellschaften	Robben, Huftiere, Fische an Laichplätzen	Die Tiere versammeln sich zum Zweck der Fortpflanzung

II. Festere soziale Bindung

(Gewisse persönliche Bindungen der Tiere untereinander)

Sozialer Verband		Tierbeispiele	Verhalten
Familienverbände	Elternfamilien	Greifvögel, Buntbarsche	Die Nachkommen bleiben längere Zeit im elterlichen Verband
	Mutterfamilien	Kolibris, Skorpione	Das männliche Tier verliert frühzeitig seine Bindung zur Familie
	Vaterfamilien	Stichlinge	Ausscheiden des Weibchens aus dem Elternverband, Pflege der Nachkommen durch das Männchen
Echte Brutgemeinschaften		Kaiserpinguine, Feldmäuse	Pflege der Jungen auch durch Alttiere, die nicht zur Familie gehören
Sippe oder Großfamilie		Präriehunde, Affen, Elefanten, Huftiere	Jungtiere bleiben im Familienverband und haben ihrerseits wieder Nachkommen

III. Starre soziale Bindung

(Einzeltiere sind außerhalb der Gemeinschaft lebensunfähig)

Sozialer Verband	Tierbeispiele	Verhalten
Tierstaaten	Ameisen, Bienen, Termiten	Völlige Abhängigkeit des Einzeltieres vom Staatsverband

Pinguine brüten eng beieinanderstehend in riesigen Kolonien auf dem Eisboden antarktischer Inseln.

weise wieder aufhebt. So sind die Brutpartner vieler Vogelarten so stark aneinander gebunden, daß sie lebenslange Ehen eingehen. Pinguine zum Beispiel warten, wenn sie sich kurz vor Einbruch des antarktischen Winters zu Tausenden auf einer großen Eisscholle versammeln, tagelang auf den Brutpartner des Vorjahres, den sie an der Stimme wiedererkennen. Erst wenn am Ende dieser Wartezeit deutlich wird, daß der Partner nicht mehr eintrifft, gibt ein Pinguinweibchen der Werbung eines neuen Partners nach.

Während in der Vogelkolonie Sympathie und Fürsorge nur dem persönlich bekannten Partner und den eigenen Jungen zuteil werden – fremde Jungvögel werden in aller Regel nicht gefüttert, im Extremfall sogar totgehackt –, pflegen andere anonyme Verbände vielfältige Beziehungen zwischen persönlich unbekannten Gruppenmitgliedern, und häufig beruht sogar das ganze Gemeinwesen auf einem genau programmierten System gegenseitiger Abhängigkeit.

Gegenseitige Abhängigkeit

Bestes Beispiel dafür sind die Insektenstaaten. Ameisen füttern einander nicht nur, um ihren Hunger zu stillen, sondern zugleich um Informa-

Eng beieinander stehen die Pinguinküken, um sich gegenseitig zu wärmen. Ihre Pflege übernehmen, neben den Eltern, auch Alttiere, die nicht zur Familie gehören.

tionen in Form von Duftstoffen weiterzugeben. Sie helfen einander bei der Arbeit und warnen, wiederum durch das Versprühen besonderer Alarm-Duftstoffe, vor fremden Angreifern.

Das Leben der Bienen

Besonders intensiv ist das Verhalten der Bienen untersucht worden. Als Pionier auf diesem Gebiet hat sich Karl von Frisch einen Namen gemacht, der als Professor für Zoologie im Jahre 1973 zusammen mit Konrad Lorenz und Nikolaas Tinbergen den Nobelpreis erhielt.

Angefangen hatte er als junger Mann mit Experimenten, die den Nachweis erbringen sollten, daß Bienen nicht farbenblind sind, wie man zu Beginn unseres Jahrhunderts ernsthaft behauptete. Doch wesentlich aufsehenerregender als seine Erkenntnis, daß Bienen roten Mohn ultraviolett, dunkelrote Rosen schwarz, weiße Obstbaumblüten bunt und grüne Wiesen grau sehen, wurden seine späteren Arbeiten über die Sprache der Bienen.

Konrad Lorenz entwickelte eine Methodik zur differenzierten Betrachtung tierischen und menschlichen Verhaltens.

Während in offenen anonymen Verbänden vor allem das Aussehen eines Tieres darüber entscheidet, ob es sich dem Schwarm anschließen darf oder nicht, verfügen geschlossene anonyme Verbände über differenziertere Erkennungsmerkmale, die im folgenden noch ausführlicher behandelt werden. Bienen erkennen einander an einem besonderen Geruch, der von Stock zu Stock unterschiedlich ist. Allerdings ist der richtige Geruch allein noch nicht ausreichend für freundschaftliches Verhalten einer immerhin anonymen Stockgenossin gegenüber, wie letztlich Versuche von J. Lecomte ergeben haben. Er trennte Arbeiterinnen eines Bienenstockes durch ein doppeltes Gitter voneinander, so daß sie nicht imstande waren, miteinander Futter auszutauschen. Und ob-

»Vater der Ethologie«

Konrad Lorenz (geb. 1903 in Wien) wurde von dem berühmten englischen Zoologen Julian Huxley einmal »Vater der Ethologie«, der vergleichenden Verhaltensforschung, genannt. Und in der Tat ermöglichte erst die von ihm entwickelte Methodik eine differenziertere Betrachtung tierischen und auch menschlichen Verhaltens. Durch die Überwindung des reinen Reiz-Reaktion-Schemas von J. P. Pawlow und B. F. Skinner konnte das Vergleichen und Beobachten der Tiere in ihrer natürlichen Umgebung mit in das Experiment einbezogen werden. Erst dadurch wurde es möglich, den beachtlichen Anteil eindeutig vererbten Verhaltens wissenschaftlich nachzuweisen.

Konrad Lorenz hatte in Wien Medizin studiert und in Königsberg das psychologische Institut geleitet, bevor er nach dem Krieg das international anerkannte Max-Planck-Institut für Verhaltensphysiologie erst bei Münster, dann in Seewiesen/Obb., aufbaute. Im Jahre 1973 erhielt er, zusammen mit Karl v. Frisch und Nikolaas Tinbergen, den Nobelpreis für Medizin und Physiologie.

gleich sie riechen konnten, daß ihr Gegenüber der eigenen Gemeinschaft angehörte, feindeten sich die so getrennten Bienen heftig an – woraus man vielleicht schließen darf, daß nicht erst Säugetiere auf beschwichtigende Handlungen angewiesen sind, wenn sie friedlich miteinander auskommen wollen.

Die Aufgaben im Bienenstock

Angeborene Verhaltensprogramme bestimmen, wie sich das Leben im Bienenstock abspielt. Jedes Schulkind lernt, daß es hier Arbeiterinnen gibt und Drohnen, die männlichen Bienen, die nichts tun, aber auch die Bienenkönigin, um deren Wohlergehen der ganze Stock pausenlos bemüht ist. Was allgemein weniger bekannt ist, ist die Tatsache, daß die unterschiedlichen Spezialaufgaben im Bienenstock nicht einfach auf verschiedene Individuen verteilt sind; jede einzelne Arbeitsbiene erfüllt im Laufe ihres kurzen Lebens (fünf bis sechs Wochen) der Reihe nach alle Funktionen, die den Bienenstaat in Gang halten.

Gleich nach dem Schlüpfen beginnt die junge Biene mit dem Säubern der Zellen; sie bereitet sie auf die Eiablage vor, indem sie die Zellenwände mit einem bakterienabtötenden Sekret überzieht. Nach etwa vier Tagen übernehmen die jungen Bienen den Ammendienst. Mit einer Flüssigkeit aus den in ihrem Kopf gelegenen Futtersaft- oder Ammendrüsen füttern sie die jüngeren Larven, während sie den älteren zusätzlich Pollen und Honig geben.

Etwa vom zehnten bis sechzehnten Lebenstag sind die Bienen mit dem Wabenbau beschäftigt; sie sondern dazu aus den Wachsdrüsen, die sich an ihrem Bauch befinden, dünne Schuppen ab, die mit den zangenartigen Oberkiefern geknetet und in die Waben eingebaut werden. Nach wenigen Tagen läßt die Wachsproduktion nach, und die nächste Station in der Berufslaufbahn der Bienen wird die Honigbereitung. Sie nehmen den einfliegenden Sammlerinnen den Nektar ab und ver-

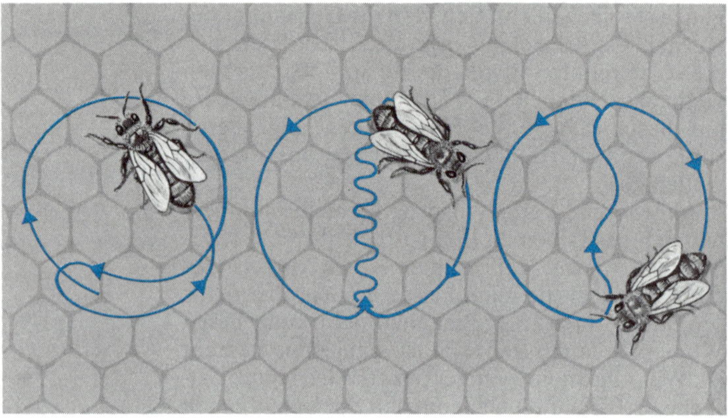

Bienen informieren ihre Stockgenossinnen mit Hilfe bestimmter Tänze darüber, wo sich ergiebige Futterquellen befinden. Der »Rundtanz« (oben links) weist auf eine dicht beim Stock gelegene Futterquelle hin, der »Schwänzeltanz« (oben Mitte und rechts) auf weiter entfernte. – Bienen entwickeln sich innerhalb von drei Wochen zu flugfähigen Insekten (links) und durchlaufen in den fünf bis sechs Wochen ihres Lebens verschiedene Arbeitsstadien. Sie beginnen mit Säuberungsarbeiten im Stock, verrichten später Ammendienste (rechts: Honigbienen auf Brutwabe) und werden danach Sammlerinnen.

Leben und Treiben im Bienenstock

Die Macht der Bienenkönigin (in der Mitte) liegt an einem von ihr ausgeschiedenen Duftstoff, dem Pheromon. So hat jeder Bienenstock seinen eigenen Geruch.

wandeln ihn durch Einwirkung von Enzymen in Honig, oder sie stampfen Blütenpollen in den Zellen fest. Um ihren zwanzigsten Lebenstag herum hat sich die Biene zur Stockwächterin emporgedient; kurz darauf wird sie zur Sammlerin, was sie normalerweise bis an ihr Lebensende bleibt. Man hat allerdings in Experimenten mit künstlich zusammengestellten Bienenvölkern – z. B. eine Königin mit lauter Jungbienen oder eine Königin mit lauter Sammlerinnen – beobachtet, daß sich nach kurzer Zeit eine neue Arbeitsteilung einspielt: Sammlerinnen kehrten zum Reinigungs- oder Ammendienst zurück, und Jungbienen flogen vor der Zeit zum Sammeln aus und kehrten mit Nahrung zum Stock zurück.

Die Tänze der Bienen

Bei der Beobachtung seiner Bienenvölker fiel es Karl von Frisch auf, daß nicht nur einzelne – durch Farbtupfer leicht wiederzuerkennende Bienen – immer von neuem an seinen mit Honig oder Zuckerwasser bestellten Versuchstisch kamen, sondern daß sie zahlreiche Stockgenossinnen mit sich zogen. Sie brachten sie nicht mit, etwa indem sie, vorausfliegend, den anderen den Weg zur Futterquelle zeigten, aber sie sorgten doch dafür, daß sich nach kurzer Zeit andere Sammlerinnen einfanden – wie, das blieb von Frisch und seinen Mitarbeitern lange Zeit ein Rätsel.

Der Weg zur Futterquelle

Die Lösung lautete schließlich: Bienen informieren ihre Stockgenossinnen durch bestimmte Tänze darüber, wo sie welche Art besonders guter und reichlich vorhandener Nahrung gefunden haben. »Die Sammlerin, die sich ihrer Bürde entledigt hat«, so beschreibt Karl von Frisch selbst in seinem Buch »Aus dem Leben der Bienen« das beobachtete Phänomen, »beginnt eine Art Rundtanz. Sie läuft mit raschen, trippelnden Schritten auf dem Fleck der Wabe, wo sie gerade sitzt, in engen Kreisen herum, den Sinn der Drehung häufig ändernd, so daß sie einmal rechts herum, dann wieder links herum rast und in ständigem Wechsel bald so, dann wieder andersherum ein bis zwei Kreisbogen beschreibt. Dieser Tanz vollzieht sich im dichtesten Gedränge der Stockgenossen und wird dadurch besonders auffallend und reizvoll,

Karl v. Frisch widmete sich mit Leidenschaft der Erforschung von Funktion und Leistungen der Sinnesorgane bei Tieren.

daß er die Umgebung ansteckt; die Bienen, die der Tänzerin zunächst sitzen, trippeln hinter ihr drein und suchen durch die vorgestreckten Fühler mit ihrem Hinterleib Verbindung zu halten, machen auch alle Schwenkungen mit, so daß die Tänzerin bei ihren tollen Bewegungen stets gleichsam ein Schwanzbüschel von anderen Bienen hinter sich herführt.«

Die auf diese Weise aufmerksam gemachten und in Erregung versetzten Bienen fliegen nach Beendigung des Tanzes hinaus und suchen nach allen Richtungen die nähere Umgebung des Stokkes ab, wobei sie sich von dem Duft leiten lassen, den die Tänzerin von ihrer Futterquelle mitbrachte. Liegt diese Quelle weiter vom Stock entfernt, dann teilt die Biene das den Daheimgebliebenen durch den sogenannten »Schwänzeltanz« mit, in dem sie jeweils zwei einander ergänzende

Entdecker der »Bienensprache«

Karl von Frisch (geb. 1886 in Wien) ist durch die Entdeckung der »Bienensprache« bekannt geworden. Er erforschte das faszinierende Phänomen, auf welche Weise sich die Bienen über die genaue Lage von entfernt liegenden Futterplätzen verständigen können.

Karl von Frisch hatte Zoologie studiert, bevor er sich als Professor an den Universitäten Rostock, Breslau, Graz und München speziell der Erforschung der Funktionen und Leistungen der Sinnesorgane (Sinnesphysiologie) bei Tieren widmete. Dabei gelang es ihm auch nachzuweisen, daß Fische und wirbellose Tiere Farben und Töne unterscheiden können. Als Versuchsobjekte dienten ihm dabei die zur Familie der Karpfenfische gehörenden Elritzen.

Im Jahr 1973 erhielt er, zusammen mit Konrad Lorenz und Nikolaas Tinbergen, den Nobelpreis für Medizin und Physiologie.

Halbkreise beschreibt, die durch eine gerade Mittellinie getrennt sind.

Tänze und Lautäußerungen der Honigbienen geben den Stockgefährten Auskunft über den Weg zur Futterquelle.

Auf dieser gedachten Mittellinie »schwänzelt« die Biene mit dem Hinterleib und läßt ein schnarrendes, mit den Flügeln erzeugtes Geräusch hören, während sie die Strecke in unterschiedlichem Tempo durchläuft. Und dies Tempo ist es, das den Stockgenossinnen genaue Auskunft über die Entfernung der Futterquelle gibt. »Bei einem Abstand (der Futterquelle vom Bienenstock) von 100 Metern«, schreibt Karl von Frisch, »folgen die Wendungen rasch aufeinander, die Tänze sind hastig. Je größer die Entfernung, desto gemessener werden sie . . . Mit der Uhr in der Hand kann man feststellen, daß die Biene bei einer Entfernung der Futterquelle von 100 Metern die geradlinige Strecke der Tanzkurve in einer Viertelminute etwa neun- bis zehnmal durchläuft, bei 500 Metern etwa sechsmal, bei 1000 Metern vier- bis fünfmal, bei 5000 Metern zweimal und bei 10000 Metern nur noch etwas mehr als einmal.« Windgeschwin-

In den senkrecht stehenden Waben vermitteln die Bienen durch Schwänzeltanz (→ Seite 84) den Weg zur Futterquelle.

digkeit und Windrichtung gehen ebenso in das Tanztempo ein wie beispielsweise die Anstrengung, einen steilen Berghang hinauf zu fliegen, so daß nicht die Länge der Strecke durch den Tanz mitgeteilt wird, sondern der Zeit- und Kraftaufwand für ihre Überwindung.

Und um den Sachverhalt noch weiter zu komplizieren, muß ergänzt werden, daß auch die genaue Richtungsangabe zur Futterquelle im Schwänzeltanz enthalten ist. Tanzt eine heimkehrende Biene horizontal, etwa bereits auf dem Anflugbrettchen vor dem Flugloch ihres heimatlichen Stockes, so hält sie genau den Winkel zur Sonne ein, in dem sie selbst zur Futterquelle geflo-

Sie geben den Winkel entgegen der Schwerkraft als den Abstandswinkel der Futterquelle zum Sonnenstand an, und das auf fünf bis zehn Grad genau.

gen ist. Tanzt sie im Inneren des Stockes in einer der vertikal angelegten Waben, so »übersetzt« sie den Winkel zur Sonne in einen Winkel zur Schwerkraft. Lag die Futterquelle in Richtung zur Sonne, so führt der geradlinige Schwänzellauf von unten nach oben; führte der Kurs von der Sonne weg, so läuft die Biene schwänzelnd von oben nach unten, und das jeweils genau in dem Winkel, in dem die den Tanz nachvollziehenden Bienen später abfliegen müssen. Selbst die Wanderung der Sonne und die sich daraus ergebenden Winkeländerungen werden auf eine bisher noch nicht näher bekannte Weise von den Bienen in ihre Tänze einbezogen.

Beziehung zur Sonne

Verständigungsmöglichkeiten

Die Verständigung erfolgt bei den Bienen, die einander im dunklen Bienenstock ja nicht sehen können, überwiegend durch chemische und akustische (= Schall-) Reize sowie über den Tastsinn, der erst den Anschluß zunächst unbeteiligter Bienen an den Tanz einer Sammlerin ermöglicht. Nehmen wir noch die bei Bienen unwichtige, d. h. über den Sehsinn wirksame, optische Kommunikation hinzu, so haben wir die vier grundlegenden Arten aller bei Tieren möglichen Verständigung schon beisammen.

Unter chemischer Kommunikation ist die Informationsübermittlung durch Duftstoffe zu verstehen. Sie können über verschiedene Körperausscheidungen wirksam werden, zum Beispiel über den Harn, den Kot oder Drüsensekrete, die in Erweiterung des üblichen Hormonbegriffs als Pheromone oder Sozialhormone bezeichnet werden. Während Hormone ihre Wirkung im Körper selbst entfalten, werden Pheromone nach außen abgegeben und beeinflussen das Verhalten nicht des Erzeugers, sondern des Empfängers.

Wir haben bereits die Sexuallockstoffe erwähnt, die bei vielen Insektenarten als Auslöser für die Paarung dienen, doch wenn auch – im Zusammenhang mit Versuchen zur Schädlingsbekämpfung – auf diesem Gebiet besonders intensiv geforscht wird, so sollte man daneben die mindestens ebenso interessanten anderen Wirkungsbereiche von Pheromonen nicht aus dem Auge verlieren. Sie dienen bei so verschiedenen Tierarten wie Termiten und Mäusen zur Bevölkerungskontrolle. So produzieren bei den Termiten die Angehörigen der für die Feindesabwehr verantwortlichen Gruppe, die Soldaten, fortwährend ein bestimmtes Pheromon, das von einem gewissen Konzentrationsgrad an den weiteren Nachwuchs von Soldaten hemmt. Hausmausweibchen zeigen,

Schmetterlingsweibchen senden Duftstoffe aus, um das kilometerweit entfernte Männchen anzulokken. Seine Fühler sind beim Aufspüren unersetzlich.

wie Helen M. Bruce beobachtet hat, einen regelmäßigeren Brunstzyklus, wenn sie die Ausscheidungen ihnen bekannter Männchen riechen. Der Geruch fremder Männchen hingegen bewirkt, daß sich die am Anfang ihrer Entwicklung stehenden Embryonen in der Gebärmutter auflösen oder die schon weiter entwickelten Foeten als Fehlgeburt ausgestoßen werden.

Duftstoffe spielen bei zahlreichen Insekten, Fischen und Säugetieren eine wichtige Rolle als Schreck- oder Alarmsignal, sie dienen der Revierabgrenzung und der Kennzeichnung von Gruppenmitgliedern, und schon ein kurzer Streifzug durch unsere Umgangssprache beweist, daß die gleichen Zusammenhänge auch für den Menschen Gültigkeit haben. Wir sprechen davon, daß einem der Angstschweiß ausbricht oder jemand sich »vor Angst in die Hosen macht«. Wenn einer sich schwertut, in einer neuen Stellung Fuß zu fassen, heißt es, er habe nicht den richtigen Stallgeruch, und wer einen anderen nicht leiden mag, sagt knapp und drastisch »Der stinkt mir!« oder »Den kann ich nicht riechen!«

Duftstoffe können noch als Signal wirken, nachdem der Signalgeber sich längst entfernt hat. Das ist vorteilhaft, wenn es um die Abgrenzung eines Reviers geht, aber ungünstig, wenn beispielsweise ein Raubtier der Duftspur folgt und so den Weg zu seiner Beute findet. Ungefährlicher, rascher und vielfältiger läßt sich der Informationsaustausch zwischen Tieren akustisch abwickeln, und tatsächlich gehört die akustische Kommunikation zu den wichtigsten Formen der Verständigung überhaupt.

Die Botschaften, die durch Lautäußerungen ausgetauscht werden, erfüllen im wesentlichen drei Zwecke: Sie locken Artgenossen an, halten Artgenossen, aber auch andere Tiere fern oder kombinieren Anziehung und Abschreckung, indem sie zum Beispiel auf paarungsbereite Weibchen als Lockung, auf mögliche Rivalen aber als Einschüchterung wirken.

Der Lockruf, das Wutgebrüll, der Angstschrei, das Stöhnen – all dies sind Lautäußerungen, die einer Art ohne besondere Unterweisung verständlich sind, und oft genug verstehen auch Angehörige unterschiedlicher Arten die betreffenden Signale. Allerdings beschränkt sich akustische Kommunikation nicht auf stimmliche Äußerungen. Viele Körperbewegungen verursachen Geräusche, die zu Signalen werden können, vom Klappern und Rasseln über das Zirpen, ein sogenanntes »Stridulations«- oder Reibungsgeräusch, bis zum Klopfen mit Kopf, Leib oder Extremitäten. Die optische Kommunikation, die beim Menschen neben der akustischen die größte Rolle spielt, hat den Nachteil, daß sie auf weitere Distanz, bei Nacht oder in unübersichtlichem Gelände nicht wirksam ist. Bei Tierarten, die in indi-

Literaturhinweise

Tinbergen, Nikolaas: *Tiere untereinander,* Berlin/Hamburg 1955. – Leicht verständliche Darstellung verschiedener Formen sozialen Verhaltens.

Frisch, Karl von: *Aus dem Leben der Bienen,* Berlin/Heidelberg/New York 1977. – Exemplarisches Beispiel sozialen Verhaltens bei Insekten.

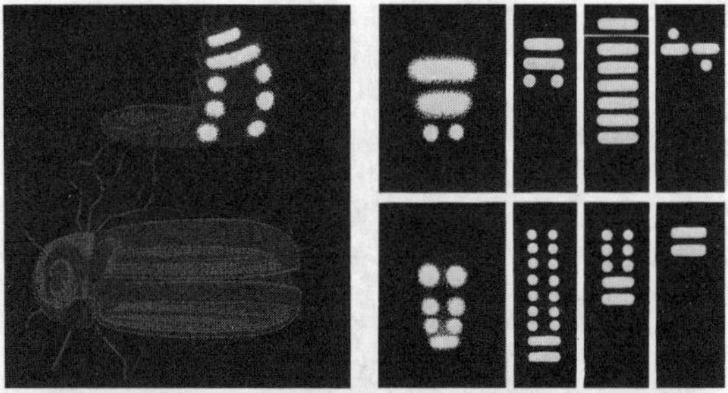

Leuchtkäferpaare »finden sich« durch jeweils arteigene Leuchtorgane (optische Kommunikation). Das flügellose Weibchen lockt mit den ihren das arteigene Männchen an.

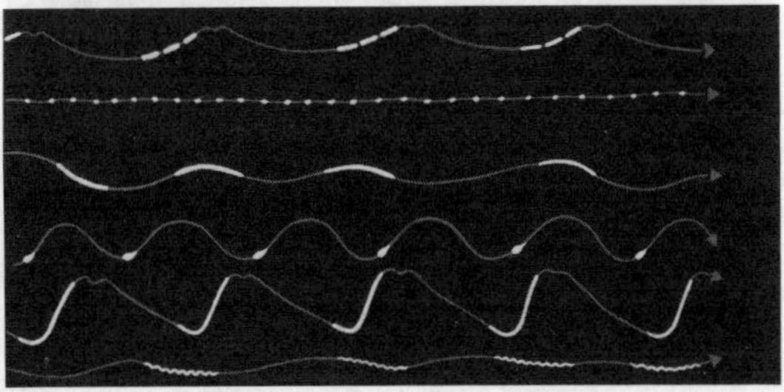

Die Leuchtsignale amerikanischer Leuchtkäfer erscheinen auf Fotoplatten als unterschiedlich gemusterte Ketten.

vidualisierten Verbänden leben, in denen ein Gruppenmitglied das andere persönlich kennt, hat sie sich allerdings zu einem vielfältig abgestuften Mittel der Verständigung entwickelt. Gebärdensprache und Mimik, in jüngster Zeit unter dem Schlagwort »Körpersprache« als zusätzliche Verständigungsmöglichkeiten des Menschen in den Blickpunkt des öffentlichen Interesses gerückt, informieren den Artgenossen – und nicht nur ihn – über Stimmungen und Absichten des Individuums. Starke Emotionen wie Schreck oder Wut werden zusätzlich durch Änderung der Gesichtsfarbe signalisiert.

Taktile Kommunikation, d.h. Verständigung zwischen Artgenossen, die über den Tastsinn läuft, findet sich relativ selten. Wir haben am Beispiel der Bienen gesehen, wie Informationen ertastet werden. Ähnliches spielt sich bei Ameisen ab,

Die Verständigung zwischen Artgenossen über den Tastsinn ist relativ selten. Wie bei den Bienen ist sie bei Ameisen zu finden, die sich ebenfalls »betrillern«.

die einander bei jeder Begegnung mit den Fühlern »betrillern«, um Futter und, damit verbunden, bestimmte Informationen zu erhalten. Manche Raubtiere füttern ihre Jungen, wenn sie von diesen mit Schnauzenstößen dazu aufgefordert werden, und vieles spricht dafür, daß Begrüßungsgesten erwachsener Tiere (und Menschen) aus solchem Futterbetteln abzuleiten sind.

Aggression unter Artgenossen

Fische oder Vögel, die in anonymen Verbänden zusammenleben, verhalten sich ihren Artgenossen gegenüber im allgemeinen friedlich. Wir haben am Beispiel des Stichlings gesehen, daß aggressives Verhalten bei ihm an die vorübergehende Vereinzelung während der Fortpflanzungszeit gekoppelt ist: Der Fischschwarm sucht gemeinsam seichtere Küstengewässer auf, und hier verteilen sich die einzelnen Männchen zur Revierbesetzung und zum Nestbau. Erst jetzt verwandeln sie sich aus unscheinbaren graugrünen Junggesellen in auffällig gefärbte, Kraft demonstrierende »Mannsbilder«, mit denen sich ein revierlos gebliebener, farbloser Artgenosse gar nicht erst anzulegen wagt.

Es sieht fast so aus, als könne Individualität nur durch Aggression erkauft werden. Denn in dem Augenblick, in dem das Eigeninteresse eines Tieres mit den Interessen anderer in Konflikt gerät, bestimmen aggressiv getönte Verhaltensweisen sein weiteres Vorgehen. Es droht und versucht durch Demonstration seiner Stärke den Kontrahenten einzuschüchtern, und wenn das nichts nützt, greift es an. Dieser Angriff wiederum kann sich vom leichten Anrempeln über Schläge oder Schnabelhiebe bis zum Beißen oder Tothacken steigern, wobei das Töten von Artgenossen im allgemeinen nicht das Ziel aggressiver Handlungen ist.

Beweise der Stärke

Über kein anderes Thema ist in der Verhaltensforschung so leidenschaftlich gestritten worden wie über die Aggression. Konrad Lorenz geht von der Existenz eines Aggressionstriebes aus, dem er, so in seinem Buch »Das sogenannte Böse«, durchaus positive und arterhaltende Funktionen beimißt. Aggression würde demnach wie andere Triebe auch von einer im Innern entstehenden endogenen Erregungsproduktion gesteuert. Mit wachsender Erregung steigt die Bereitschaft zu handeln, und sobald ein entsprechender Auslöser die Handlung ermöglicht, reagiert sich das Tier bis zur Triebbefriedigung ab. Findet sich kein passender Auslöser, sucht das Tier im sogenannten Appetenzverhalten zielstrebig nach einer Möglichkeit zur Triebbefriedigung, und wenn diese Suche ergebnislos bleibt, kann sich der inzwischen eingetretene Triebstau auch im Leerlauf entladen.

Aggression auf störende Außenreize

Demgegenüber vertritt Peter Marler die Auffassung, daß Aggression die angeborene Reaktion auf störende Außenreize sei. Ein ärgerniserregendes Signal, vielleicht die herausfordernde Färbung eines Rivalen oder der vom Normalen abweichende Gang eines unbekannten Artgenossen, natürlich auch eine Bedrohung oder ein Angriff durch ein anderes Tier, kann aggressives Handeln herausfordern. Die Kampfbereitschaft erlischt, sobald das Ärgernis beseitigt ist, der Rivale also vor Schreck erbleicht, der Humpelnde »auf Trab«

! Nicht direkt aggressiv, aber doch aggressionsauslösend ist bei sozial lebenden Tieren die Vereinzelung an sich, das Abrücken vom Artgenossen. Denn im sozialen Zusammenspiel wirkt – das gilt für Tiere wie für Menschen – der Einzelgänger böse, auch wenn er niemandem etwas tut. Kontaktverweigerung kann, das wissen wir alle aus Erfahrung, unter Umständen sehr viel verletzender sein als eine im herkömmlichen Sinn aggressive Handlung.

Der Sprung stellt jedesmal die Eröffnung des Hahnenkampfes dar, des Kampfes um die Vorherrschaft im Revier.

gebracht oder der Gegner vertrieben ist. Eine dritte Position stellt die »Frustrations-Aggressions-Hypothese« dar, die der Amerikaner John Dollard 1939 für den Menschen aufgestellt und die man inzwischen auch in tierischen Verhaltensweisen wiedergefunden hat.

Enttäuschung, Frustration, entsteht, wenn ein Trieb nicht befriedigt werden kann, wenn also beispielsweise ein umworbener Partner den sexuellen Kontakt ablehnt oder wenn das gewohnte und erwünschte Futter ausbleibt. Derart enttäuschte Tiere greifen oft scheinbar unmotiviert ihre Artgenossen an, und daß solch ungerechtfertigt aggressives Verhalten auch bei Menschen vorkommt, läßt sich leider nicht leugnen. So sollen in alten Zeiten die Überbringer schlechter Nachrichten getötet worden sein, und bis auf den heutigen Tag haben es Kinder oder rangniedere Untergebene »auszubaden«, wenn Eltern oder Chefs sich über irgend etwas geärgert haben.

Daß aggressives Verhalten weder triebhaft noch als Reaktion angeboren sei, sondern durch schlechte Beispiele erlernt werde, besagt eine vierte Theorie, die ebensowenig allgemein anerkannt ist wie die anderen drei. In der Praxis läßt sich, wie wir schon im ersten Teil dieses Buches gesehen haben, ohnehin schlecht unterscheiden, was an einer Verhaltensweise angeboren und was erlernt ist. Unumstritten ist die Tatsache, daß Aggression sowohl bei Tieren als auch bei Menschen ständig vorkommt – und das, obwohl die meisten Menschen theoretisch aus religiösen oder moralischen Gründen Gewalt ablehnen! Die Kenntnis der biologischen Grundlagen der Aggression wird zwar kaum zu ihrer Überwindung führen, dürfte aber den Umgang mit ihr etwas erleichtern.

Sicherheitsabstand bei Mensch und Tier

Individualdistanz

Wenn sich Schwalben vor ihrem Abflug in den Süden auf den Starkstromleitungen sammeln, fällt auf, daß sie niemals »auf Tuchfühlung« nebeneinandersitzen, sondern einen gewissen Sicherheitsabstand wahren, der auch auf den Autobahnen von den Menschen in aller Regel eingehalten wird. Verhaltensforscher sprechen von der »Individualdistanz«, wenn sie sich mit der von einem Lebewesen zum anderen wechselnden Empfindlichkeit gegen die unmittelbare Nähe von Artgenossen auseinandersetzen. Schon unsere Redensart, daß ein Mensch ein »dickes« oder ein »dünnes Fell« haben könne, deutet darauf hin, daß sich hier keine allgemein verbindlichen Maßstäbe finden lassen. Es hängt von vielen Faktoren ab, wie nahe ein Mensch oder ein Tier ein anderes Wesen an sich herankommen läßt.

Unmittelbare Körperberührung ist selten und nur auf bestimmte Lebensphasen beschränkt, im wesentlichen auf den sexuellen Kontakt und die sogenannte Brutpflege, im Falle von Säugetieren also auf die Zeit, in der die Jungen noch unselbständig und auf die mütterliche Fürsorge angewiesen sind. Flüchtige Berührungen gibt es darüber

hinaus zwischen guten Bekannten und respektierten Unbekannten, wenn sie einander begrüßen, doch im übrigen trägt jeder seine Individualdistanz wie einen unsichtbaren Panzer mit sich herum.

Sobald sich die Schwalben zum Flug in den Süden sammeln, sitzen sie nie »auf Tuchfühlung« nebeneinander, sondern wahren Sicherheitsabstand.

Wenn wir jemandem etwas Unangenehmes sagen müssen und nicht wissen, wie er darauf reagieren wird, sichern wir uns gelegentlich ab mit der Floskel »Ich will Ihnen ja nicht zu nahe treten, aber . . .« Wir haben also, auch wenn wir von »Individualdistanz« nie zuvor gehört haben, sehr genaue Vorstellungen davon, wie nahe wir wem treten dürfen und welche Beschränkungen wir uns auferlegen müssen, um einen »Fernerstehenden« nicht durch unerwünschte Intimität zu beleidigen.

Der amerikanische Psychologe Dr. Augustus F. Kinzel hat den Zusammenhang zwischen persönlichem Raumanspruch und Aggressivität in einer Versuchsreihe mit Strafgefangenen getestet, die zur Hälfte wegen Gewalttätigkeiten verurteilt worden waren, zur Hälfte wegen anderer Straftaten. Jeder Test-Teilnehmer mußte sich in die Mitte eines leeren Raumes stellen und zusehen, wie der Versuchsleiter sich ihm langsam näherte.

Er brauchte nichts weiter zu tun als »Stop« zu sagen, wenn ihm die weitere Annäherung des Psychologen unangenehm wurde. Bei der Ergebnisauswertung wurde zweierlei deutlich: Erstens blieb der persönliche Raumanspruch der Testpersonen auch nach mehreren Wiederholungen des Experiments so gut wie gleich, so daß man tatsächlich diese »Pufferzone« als einkalkulierbare feste Größe im menschlichen Verhalten betrachten kann. Und zweitens hielt die Gruppe der Gewalttäter den Versuchsleiter in einer doppelt so großen Entfernung wie die der anderen Gefangenen. Besonders interessant ist dies im Hinblick auf Aussagen dieser Gruppe von Straftätern, sie hätten ihren Opfern eigentlich gar nichts tun wollen, aber die hätten sich mit ihnen angelegt, und da hätten sie eben zuschlagen müssen. Bezeichnenderweise finden die meisten Schlägereien in einem räumlich oder sozial einengenden Umfeld statt, das keine Fluchtmöglichkeiten bietet.

»Pufferzone«

Rangkämpfe

Beobachtungen, die der südafrikanische Wissenschaftler Solly Zuckerman in den Jahren 1929/30 in einer Paviankolonie des Londoner Regent's Park Zoos anstellte, machten zum erstenmal deutlich, was seither von Zoologen und Sozialwissenschaftlern mit immer neuem Untersuchungsmaterial belegt worden ist: Der Mangel an Fluchtmöglichkeiten ist häufig schuld daran, wenn Aggression unter Artgenossen tödlich endet. Rangkämpfe, aber auch plötzliche Ausbrüche von Gewalt, in denen ohne Rücksicht auf Verluste die Wut der Starken auf jeden gerade im Weg stehenden Schwachen herabfuhr, führten zu einer krassen Verminderung der ursprünglich aus 137 Tieren bestehenden Kolonie. Während von 61 im Beobachtungszeitraum gestorbenen Männchen

»nur« acht durch direkte Gewalteinwirkung umkamen (vor allem im Winter waren Krankheiten die häufigste Todesursache), sah das Verhältnis von »normalem« Tod zu »Tod durch Gewalteinwirkung« bei den Weibchen schon sehr viel schlechter aus: Von 33 Weibchen, die in dieser Zeit starben, erlagen 30 den Wunden, die sie bei Koloniekämpfen davongetragen hatten. Fünf junge, in der Kolonie geborene Affen wurden ebenfalls mehr oder weniger totgeschlagen und -gebissen.

Das schwache Geschlecht

In freier Wildbahn verhindert schon die Tatsache, daß ein im Kampf unterlegenes Tier fliehen kann, das blutige Ende von Auseinandersetzungen zwischen Artgenossen. Im übrigen sind dort Weibchen und Jungtiere meist ohnehin vom Kampf ausgenommen, da Rangordnung, Revierbesitz und damit Sicherung der Fortpflanzungschancen im allgemeinen von den erwachsenen Männchen untereinander ausgefochten werden.

Viele Tiere beanspruchen für gewisse Zeiten oder dauernd ein Revier, in dem sie Zuflucht finden. Kämpfe mit Nachbarn kommen selten vor, da sie ihre Grenzen respektieren.

Darin liegt auch der biologische Sinn aggressiven Verhaltens. Unter dem Gesichtspunkt der Arterhaltung ist es wichtig, daß die gesündesten und stärksten Individuen sich bevorzugt vermehren und daß in einem bestimmten Revier nur jeweils so viele Tiere leben, wie sich dort ernähren können. Der im Kampf um Nahrung, Fortpflanzung oder Herrschaft in einem Revier Unterlegene wird also gezwungen, anderswo sein Glück zu versuchen, und das trägt zur Verbreitung einer Art und zur wesentlichen Erhöhung ihrer Lebenschancen bei.

»Turnierkämpfe«

Voraussetzung dafür ist es aber, daß der Unterlegene aus einem Konkurrenzkampf gesund und hinreichend kräftig hervorgeht, um den Anstrengungen von Flucht, Reviersuche und eventuell neuen Kämpfen gewachsen zu sein. Dem tragen die Regeln Rechnung, die das Kampfverhalten zwischen Artgenossen bestimmen. Sie haben auf die beobachtenden Zoologen häufig so »ritterlich« gewirkt, daß diese Art von innerartlicher Auseinandersetzung geradezu als »Turnierkampf« bezeichnet worden ist.

Ein besonders eindrucksvolles Beispiel für einen Turnierkampf schildert Irenäus Eibl-Eibesfeldt in seinem Buch »Liebe und Haß«. Er beschreibt den Kampf zwischen Meerechsen, die er auf den Galápagos-Inseln beobachtet hat, folgendermaßen:

Kampf der Meerechsen

»Die meiste Zeit des Jahres sind die Echsen durchaus verträglich, zur Fortpflanzungszeit allerdings grenzen die Männchen wenige Quadratmeter Fels als ihr Revier ab. Sie dulden dort einige Weibchen, greifen aber Männchen an, die sich dem Gebiet nähern. Dabei beißen sie einander nicht, und das ist wichtig, weil sie sehr scharfe

dreispitzige Zähne besitzen, mit denen sie einander leicht verletzen könnten. Das unblutige Turnier wird durch ein Imponiergehabe eröffnet: Der Revierinhaber richtet seinen Nacken- und Rükkenkamm auf und zeigt dem Gegner seine Breitseite. Gleichzeitig erhebt er sich und läuft auf gestreckten Beinen, was ihn größer erscheinen läßt. Er reißt das Maul in Beißdrohung auf und nickt mit dem Kopf. Weicht der Rivale nicht, dann stürzt der Revierinhaber auf ihn los. Als ich das zum ersten Male sah, meinte ich, die Tiere würden sich nun gleich ineinander verbeißen. Aber nichts dergleichen geschah. Bevor die Meerechsen aneinandergeraten, senken sie die Köpfe und stoßen Schädeldach auf Schädeldach aufeinander. Es entwickelt sich nun ein Kampf, in dessen Verlauf jeder den anderen vom Platz zu schieben trachtet. Hornartige Schilder auf dem Schädeldach verhindern ein Abgleiten der Kämpfer. Der Kampf en-

Bezeichnende Demutsgebärden eines rangniederen Wolfes gegenüber seinem aggressiven und stärkeren Kontrahenten. Ähnliche Verhaltensweisen zeigen Hunde.

det, wenn einer vom Platz geschoben wurde. Er kann aber auch abgebrochen werden, wenn einer merkt, daß er seinem Gegner nicht gewachsen ist. Dann legt sich der Betreffende in Demutsstellung flach vor dem Sieger auf den Bauch, dieser hört daraufhin zu kämpfen auf und wartet in Drohstellung darauf, daß der Besiegte das Feld räumt.«

Auch bei Vögeln, Fischen und Säugetieren gibt es Turnierkämpfe, in denen die vorhandenen Waffen gar nicht erst eingesetzt werden. Allerdings halten sich nicht alle Tiere an dies Muster. Hunde und Wölfe beißen einander nach einer kampfeinleitenden Drohung, und ein solcher Kampf endet erst, wenn der Unterlegene sich ergibt, sei es, daß er flieht und sich damit weiteren Angriffen entzieht, sei es, daß er die arttypische Demutsgeste anwendet, um die Wut des Stärkeren zu mildern. Solche Demuts- oder Unterwerfungsgesten ähneln oft kindlichen Verhaltensweisen und lösen die gleichen pflegenden oder beschützenden Reflexhandlungen aus, die Erwachsene gegenüber Jungtieren zeigen. Ein im Kampf unterlegener Wolf läßt sich auf den Rücken fallen und harnt dabei ein wenig. Daraufhin stellt der überlegene Gegner seine Angriffe ein und leckt ihn wie einen Welpen trocken.

Arttypische Demutsgeste

Revierverhalten und -markierungen

Wir werden in den folgenden Kapiteln noch sehen, welch wichtige Funktion solche Beschwichtigungsgesten für das Zusammenleben geselliger Tiere haben. Sie wirken aggressionsmindernd und tragen damit zu jener »Ruhe und Ordnung« bei, die eine wesentliche Voraussetzung für die ungestörte Aufzucht der Jungen bildet. Das gilt in gleicher Weise für die Reviere vieler Tiere, die oft eigens zum Zweck der Fortpflanzung erobert, nach diesem einen, entscheidenden Kampf aber von den vorherigen Konkurrenten stillschweigend respektiert werden. Reviernachbarn kämpfen nach der Reviergründung höchst selten miteinander, sondern vertreiben allenfalls noch einmal ortsfremde Gegner. Es kommt so gut wie nie vor, daß ein Fremder den Revierbesitzer in solch einem Kampf besiegt: Das Überlegenheitsgefühl dessen, der Grund und Boden sein eigen nennt, seine Ortskenntnis und nicht zuletzt auch der Umstand, daß er mit dem Revier zugleich auch seinen künftigen oder schon vorhandenen Nachwuchs verteidigt, lassen ihn in der Regel weit über seine eigentlichen Kräfte hinauswachsen.

Daß es ein auf angeborenen Programmen beruhendes Revierverhalten – in der Literatur auch als »Territorialität« bezeichnet – auch unabhängig vom Zweck der Fortpflanzung gibt, ist von vielen Tieren bekannt und zum Beispiel an Katzen besonders gründlich untersucht worden. Paul Leyhausen hat gemeinsam mit seiner Mitarbeiterin R. Wolff das Revierverhalten freilebender Hauskatzen studiert und festgestellt, daß zwar jede Katze ein »Heim erster Ordnung« als Wohn- und Schlafrevier besitzt und verteidigt, daß sie aber ein sehr viel ausgedehnteres Schweif- und Jagdrevier mit anderen Katzen teilt.

Markierung durch Duftmarken

Jede Katze markiert den gerade von ihr eingeschlagenen Weg mit einer Duftmarke, die eventuell nachfolgenden Tieren signalisiert, daß ihre Anwesenheit zu diesem Zeitpunkt störend wäre. Darüber hinaus gibt es unter Katzen visuelle Verkehrsregelungen. »Man kann oft beobachten«, schreibt Paul Leyhausen in dem Sammelband »Antriebe tierischen und menschlichen Verhaltens«, »daß eine Katze einer anderen, die in einiger Entfernung (ca. 25 bis 100 m) einen Pfad entlanggeht, mit den Blicken folgt, bis sie außer Sichtweite ist. Wartet man lange genug, so kann man meist sehen, wie die Beobachterin nach einer Weile den gleichen Pfad entlanggeht.« Gelegent-

Viele Tiere schaffen sich, meist zum Zweck der Fortpflanzung, Reviere, die sie durch »Duftmarken« eingrenzen. Unten: Kaninchenreviere, die sich mit denen anderer Tierarten überschneiden.

lich wird der Vorrang einer Katze an bestimmten Stellen des Reviers auch durch einen Kampf entschieden und in Zukunft von den Mitbenutzerinnen respektiert.

Je größer ein Revier ist, desto schwerer läßt es sich gegen Übergriffe Fremder verteidigen, es sei denn, eine ganze Gruppe von Tieren teilte sich in Revierbesitz und Schutz ihres gemeinsamen Territoriums. Das tun beispielsweise Ratten, Wölfe, Mantelpaviane und Rhesus-Affen. Ausgesprochen klein sind dagegen die Reviere der meisten in Kolonien brütenden Vögel: Sie beschränken sich auf einen rund um das Nest gezogenen Kreis, der nur gerade so groß ist, daß ein Vogel den anderen nicht mehr mit Schnabelhieben traktieren kann – die sogenannte Hackdistanz.

Zur Reviermarkierung dienen bei Säugetieren vor allem die schon mehrfach erwähnten Duftstoffe. Drüsensekrete, Harn oder Kot werden an bestimmten Stellen des Reviers abgesetzt und regelmäßig erneuert. Hausmäuse und Ratten kenn-

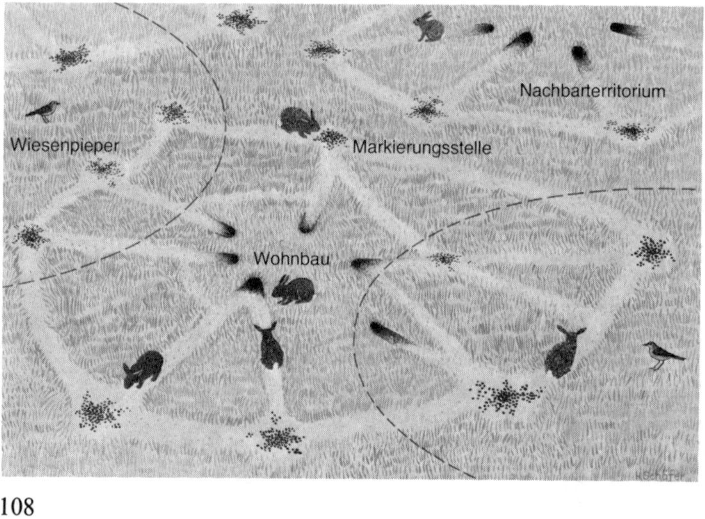

Paviane, aber auch Meerkatzen, markieren ihr Revier durch ein auffälliges »Sich-zur-Schau-Stellen«. Das phallische Drohen dient der Abwehr gruppenfremder Artgenossen.

zeichnen die Verkehrswege in ihrem Territorium mit Harn und laufen, wie Irenäus Eibl-Eibesfeldt in seinem »Grundriß der vergleichenden Verhaltensforschung« schreibt, »diese Duftstraßen wie Schienenfahrzeuge entlang«. Es ist nicht mit Sicherheit zu sagen, ob solche Duftmarken revierfremde Tiere wirklich abschrecken können. Auf jeden Fall erhöhen sie das Selbstbewußtsein des Revierbesitzers und helfen ihm bei der Orientierung, was im Endeffekt beim Kampf mit einem Eindringling den gleichen Nutzen hat wie eine chemische Verbotstafel an der Grenze.

Akustische Reviermarkierungen gibt es nicht nur bei Vögeln, sondern auch bei den – deswegen so genannten – Brüllaffen oder bei Seelöwen, die unentwegt laut rufend vor ihrem Uferstreifen auf- und abschwimmen und gelegentlich an der Grenze an Land steigen, um zu ihrem Nachbarn hinüberzurufen. Der tut seinerseits genau das Gleiche, ohne daß es darüber je zu tätlichen Auseinandersetzungen käme.

Buntbarsche, Korallenfische der tropischen Meere und verschiedene Säugetiere, zum Beispiel die afrikanischen Gnu-Bullen oder Paviane, markieren ihr Revier durch auffälliges »Sich-zur-Schau-Stellen«. Ob sie nun mit leuchtend bunten Flossen, mit schreckenerregenden Hörnern oder mit ihrem bunt gefärbten und erigierten Penis die Aufmerksamkeit revierfremder Artgenossen erregen – sie teilen auf diese Weise mit, daß der Bezirk, an dessen Rand sie Wache halten, für keinen auswärtigen Interessenten mehr zu haben sei.

Aggression mit tödlichen Folgen

Bis in die jüngste Zeit hat man angenommen, daß Mord in der Tierwelt nicht vorkomme, da er mit dem biologischen Prinzip der Arterhaltung als vorrangigem Wert nicht in Einklang zu bringen

Ursachen aggressiven Verhaltens

Im Streit um die Ursachen aggressiven Verhaltens werden vor allem drei Positionen bezogen:

Ein *lernpsychologisches Denkmodell* geht davon aus, daß aggressives Verhalten in früher Kindheit gelernt wird, und zwar sowohl durch persönlichen Erfolg mit aggressivem Auftreten als auch durch Imitation von Vorbildern.

Ein *Frustrations-Aggressions-Modell* führt aggressives Verhalten auf frühe Entbehrungserlebnisse zurück.

Das *Triebmodell* schließlich geht davon aus, daß Aggression ein dem Menschen angeborenes instinktives Verhalten sei, dem Hunger, dem Schlafbedürfnis oder dem Sexualtrieb vergleichbar.

Auch wenn sich Vertreter der verschiedenen Positionen zum Teil recht heftig bekämpfen, »liegt es aufgrund der Fakten auf der Hand, ein *Interaktionsmodell* zu entwickeln, das allen Richtungen gerecht wird«.

(I. Eibl-Eibesfeldt)

ist. Die bei Menschen und bei Zootieren immer wieder auftretende Aggression mit tödlichen Folgen wurde infolgedessen als Zeichen der Degeneration verstanden, und die Tatsache, daß es zumindest unter frühzeitlichen, archaischen Völkern einige ausgesprochen friedfertige gab, legt den Verdacht nahe, daß kulturelle Regeln und unterschiedliche Gesellschaftssysteme an den extre-

Ungezügelte Aggressionen kommen unter den Menschen immer wieder zum Ausbruch. – Oft sogar mit tödlichem Ausgang.

men Erscheinungsformen menschlicher Aggression einen starken Anteil haben.
Andererseits ist es durchaus möglich, daß gerade vor dem Hintergrund der bedrohlichen Aggression unter Menschen, wie sie allein in unserem Jahrhundert in zahllosen Kriegen, Folterungen und Massenvernichtungs-Aktionen zutage getreten ist, das besondere Augenmerk vieler Wissenschaftler eher den ordnenden, lebenserhaltenden, Individuen und Gruppen aneinander bindenden Gegenkräften galt, die in der »freien« und »heilen« Natur ja auch zu finden sind.

Je intensiver inzwischen über längere Zeiträume hinweg Tiere in ihrem heimischen Lebensraum beobachtet werden, desto häufiger wird auch die Tötung von Artgenossen dokumentiert, nicht nur als Unfall, weil ausnahmsweise die natürlichen Tötungshemmungen versagt hätten, sondern sozusagen als Verhaltensprogramm. Wo mehrere Weibchen unter der Herrschaft eines »Haremsbesitzers« in einem fest umgrenzten Revier zusammenleben, beispielsweise bei indischen Hulmans (Languren), afrikanischen Meerkatzen oder Löwen, kommt es in regelmäßigen Abständen zur Ermordung ihrer kleinen Kinder durch den neuen »Pascha«, der den bis dahin ranghöchsten Anführer der Gruppe herausfordert, im Kampf besiegt und vertreibt.

Gesetz der Gen-Selektion

Erklärt wird solches Verhalten mit dem von W. Hamilton aufgestellten Gesetz der Gen-Selektion: Jeder Organismus ist bestrebt, seine Gene oder Erbanlagen durch Fortpflanzung weiterzugeben und zu vermehren. Bei den erwähnten »kindermordenden« Säugetieren dauern Schwangerschaft und damit verbundene sexuelle Enthaltsamkeit der säugenden Mütter zwei bis drei Jahre. Ungefähr gleich lange dauert im allgemeinen die Herrschaft eines »Paschas«. Würde er bei »Amtsantritt« die neugeborenen Babies nicht töten, so wären deren Mütter möglicherweise während der gesamten Dauer seiner Herrschaft damit beschäftigt, die Kinder seines Vorgängers (also dessen konkurrierende Gene) aufzuziehen, was der möglichst zahlreichen Verbreitung seiner eigenen Gene sehr hinderlich wäre. Eine Mutter, deren Junges erwachsen ist oder stirbt, wird dagegen nach kurzer Zeit wieder brünstig und empfangsbereit für das Kind des neuen Paschas.

Vorrang der Arterhaltung

Aufopfernde Sorge für die Nachkommenschaft bis hin zu ihrer Verteidigung gegen Feinde unter Einsatz des eigenen Lebens und rücksichtslose Vernichtung konkurrierenden, fremden Lebens, auch wenn es sich um Artgenossen handelt – beides wäre als Konsequenz aus dem Gesetz der Gen-Selektion zu erklären. Noch sind allerdings die Forschungen auf diesem Gebiet nicht so weit gediehen, daß sie das bisher gültige Gesetz vom Vorrang der Arterhaltung in Frage stellen könnten.

Ausstoßreaktionen bei Mensch und Tier

Eine andere, vor allem auch im Hinblick auf den Menschen interessante Variante innerartlicher Aggression ist die soziale Ausstoßreaktion. Sie richtet sich gegen Gruppenmitglieder, die in irgendeiner Weise von der Norm abweichen, und kann von folgenreichem »Abstandnehmen« über verschiedene Spielarten des Hänselns und Hetzens bis zum Mord reichen.

Wir haben bei der Betrachtung der Betreuung auslösenden Reize gesehen, daß Vogeleltern schwache oder kranke Kinder nicht füttern – sie lassen sie achtlos verhungern und werfen sie schließlich aus dem Nest. Ähnliches gilt für viele andere Tiereltern: Katzen ziehen sich von kranken Jungen zurück und scheinen völlig unberührt vom Fiepen des hilflosen Kindes, das, vielleicht nur einen halben Meter von der Mutter und den

Nikolaas Tinbergen ist einer der Begründer der Verhaltensforschung und verfaßte das erste Lehrbuch über diese Wissenschaft.

an sie geschmiegten gesunden Geschwistern entfernt, in kurzer Zeit vor Kälte und Hunger umkommt. Und selbst Junge, die zunächst ganz normal angenommen, gewärmt und gesäugt worden sind, werden von der Katzenmutter im Stich gelassen, wenn sie nicht nach acht bis zehn Tagen die Augen öffnen.

Eine Rehmutter nimmt ihr Kitz nicht mehr an, wenn es während ihrer Abwesenheit von Menschen angefaßt wurde, und in zahlreichen Gesellschaften der Frühzeit setzten Menschen ihre Kinder nach der Geburt aus, wenn sie bestimmte Mängel aufwiesen oder die Geburt nicht der Norm entsprechend verlaufen war. Kinder, die mit den Füßen zuerst geboren wurden, galten als ebenso abartig wie Zwillinge, Albinos oder Krüppel. In manchen Gesellschaften ging das Prinzip der sozialen Auslese so weit, daß sie zumindest in Notzeiten nur männliche Kinder am Leben ließen und die Mädchen als unnütze Esser töteten.

Ausstoßreaktionen treffen aber nicht nur Einzelwesen, über deren Annahme oder Ablehnung noch vor der Entstehung einer persönlichen Bindung entschieden wird, sondern auch Gruppenmitglieder, die nach einem Unfall, durch Krank-

Begründer der Verhaltensforschung

Nikolaas (Niko) Tinbergen (geb. 1907 in Den Haag) ist einer der Begründer der Verhaltensforschung und verfaßte das erste Lehrbuch über diese junge Wissenschaft (Instinktlehre, 1950). Berühmt wurde er vor allem aufgrund seiner Studien an Silbermöwen. Bis 1949 war Tinbergen Professor für experimentelle Zoologie in Leiden. Im gleichen Jahr gründete er das Center of Animal Behaviour in Oxford und lehrte seitdem Verhaltensforschung an der Universität Oxford. 1973 erhielt er zusammen mit Karl von Frisch und Konrad Lorenz den Nobelpreis für Medizin und Physiologie.

heit oder Alter zu Außenseitern werden. So berichtet Nikolaas Tinbergen von einem Drama, das sich in einer Silbermöwenkolonie abspielte: Eine bislang ganz unauffällige Möwe hatte sich eine Feder verknickt, die nun deutlich sichtbar vom Körper abstand. Sofort wurde sie von den bis dahin freundlichen Artgenossen angegriffen und vertrieben.

Ein einzelner Junge könnte dem kleinen Behinderten vielleicht helfen. Die »Gruppe« aber hat sich zur Grausamkeit entschlossen!

Und Jane van Lawick-Goodall erzählt in ihrem Buch »Wilde Schimpansen« von dem qualvollen Ende eines an Kinderlähmung erkrankten Schimpansen, dem es trotz aller Bemühungen nicht gelang, den lebenswichtigen sozialen Kontakt zu seinen Gefährten wiederherzustellen. Sie schreibt über das alte Männchen, das sie McGregor getauft hatte: »Zu der Tatsache, daß er sich auf eine höchst abnorme Weise fortbewegen mußte, kamen der Uringeruch, das blutende Hinterteil und der Schwarm von Fliegen, der ihn verfolgte. Als er am ersten Morgen nach seiner Rückkehr ins Camp in dem hohen Gras unterhalb des Futterplatzes saß, liefen die ausgewachsenen Männchen eines nach dem anderen, mit gesträubtem Fell zu ihm hin, starrten ihn an und verfielen in ihr Imponiergehabe. Goliath griff das gequälte alte Männchen, das weder die Kraft hatte zu fliehen noch sich auf irgendeine Weise zu verteidigen, sogar an, und McGregor blieb nichts anderes übrig, als sich

Literaturhinweise

Burton, Maurice: *Die Welt der jungen Tiere in Farbe,* München 1976. – Wie Tiere – vor allem Vögel und Säugetiere – aufwachsen; Geburtenregelung.

Douglas-Hamilton, Iain und Oria: *Unter Elefanten,* München 1975. – Die umfassendste Darstellung vom Leben wilder Elefanten, zugleich ein spannend geschriebenes Abenteuer-Buch.

Lawick-Goodall, Jane van: *Wilde Schimpansen,* Reinbek bei Hamburg 1971. – Erfahrungsbericht einer jungen Verhaltensforscherin, die als erste langfristige Freilandbeobachtungen an Schimpansen durchgeführt und aufsehenerregende Ergebnisse vorgelegt hat.

Lorenz, Konrad: *Das sogenannte Böse,* Wien 1963. – Eines der Standardwerke über Bedeutung und Auswirkungen der Aggression.

Zimen, Erik: *Der Wolf,* Wien/München 1978. – Analyse des Verhaltens des Wolfes aufgrund jahrelanger Beobachtungen an gefangenen Wölfen; Vergleich einzelner Verhaltensweisen von Wölfen und Pudeln; kulturgeschichtlicher Überblick über die Einstellung des Menschen zum Wolf.

mit angstverzerrtem Gesicht zu ducken, während Goliath auf seinen Rücken einhämmerte. Als ein zweites Männchen sich anschickte, über McGregor herzufallen und mit wild gesträubten Haaren einen gewaltigen Ast herumwirbelte, stellten Hugo (Hugo van Lawick, Fotograf und späterer Ehemann von Jane Goodall) und ich uns vor den Krüppel, und zu unserer Erleichterung ließen die Männchen von ihm ab.«

Soziale Ausstoßreaktionen

Daß bereits Kinder – seien es nun Möwen- oder Menschenkinder – soziale Ausstoßreaktionen zeigen, deutet auf eine angeborene Grundlage dieses Verhaltens hin, das, wie Irenäus Eibl-Eibesfeldt meint, unter gewissen Bedingungen von selektionistischem Vorteil sein kann, indem es die Homogenität (Gleichartigkeit) einer Gruppe fördert.

Der Umstand, daß viele menschliche Gesellschaften ihre ursprünglich krassen, in Mythen und Sagen überlieferten Formen der Ausstoßung zumindest gemildert haben, sobald die wirtschaftlichen Umstände das auch nur halbwegs ermöglichten, spricht aber dafür, daß dem angeborenen Drang des »Anstoßnehmens« und der Distanzierung ein ähnlich starker Impuls des Mitleids und der Hilfeleistung gegenübersteht, der – auch bei Tieren – der Aggression entgegenwirkt.

Soziale Rangordnung

Der idealistische Versuch demokratischer Gesellschaften, jedem einzelnen Gruppenmitglied die gleichen Rechte zuzugestehen und die gleichen Chancen einzuräumen, ändert nichts an der fundamentalen Ungleichheit, die zwischen den Individuen besteht und ihr Verhalten und ihre Behandlung bestimmt. Der persönliche Rang, den ein Individuum einnimmt, wird zwar häufig durch Mittel der Aggression erworben oder behauptet, ist aber zugleich auf längere Sicht ein Instrument der Aggressionsvermeidung. Denn dadurch, daß ein Gruppenmitglied seine Stellung innerhalb der Gruppe kennt und respektiert, werden zahllose Kämpfe überflüssig.

Wenn viele gleichzeitig essen wollen, muß einer der erste und einer der letzte sein, sonst käme vor lauter Gedränge keiner zum Essen. Und wenn vor jeder Mahlzeit von neuem entschieden werden müßte, wer wann an die Reihe kommt, wäre das auch wenig zweckmäßig – denn »wo zwei sich streiten, freut sich der Dritte«: Die handlungsunfähige Gruppe fände womöglich kein Essen mehr vor, wenn sie sich endlich geeinigt hätte.

Rangordnungen machen sich auf verschiedene Weise bemerkbar. Bei den Menschen werden Höhergestellte stets bevorzugt.

Daß soziale Rangordnung weit mehr bedeutet als die Festschreibung der Überlegenheit eines Stärkeren über einen Schwächeren, macht Irenäus Eibl-Eibesfeldt deutlich, wenn er schreibt: »Der Ranghohe hat nicht nur besondere Vorteile, indem er etwa zuerst zum Futterplatz oder an den besten Schlafplatz darf, er übernimmt gelegentlich auch den Schutz der Gruppe vor Freßfeinden

oder einzelner Gruppenmitglieder vor ihresgleichen. Er sorgt für den Gruppenzusammenhalt, indem er Streitigkeiten schlichtet, und übernimmt gewisse Führungsfunktionen, indem er etwa den Zeitpunkt des Aufbruches oder die Wanderrichtung bestimmt. Die Beschützerrolle macht die Ranghohen zu einem Zentrum, um das sich die Gruppe schart.

Eine Rangordnung setzt nicht allein voraus, daß einige Mitglieder der Gruppe sich Autorität verschaffen, sei es durch Rangkämpfe oder besondere Leistungen, sondern auch, daß die Untergeordneten diese Ordnung anerkennen. Erst eine solche Fähigkeit und Bereitschaft zur Unterordnung schafft stabile Sozietäten [Gemeinschaften]. Das fällt erst dann deutlich auf, wenn man ein höheres solitäres (d.h. nicht in Gruppen lebendes) Säugetier zu erziehen hat. Meinem durchaus intelligenten zahmen Dachs fehlte die Fähigkeit zur Unterordnung so gut wie völlig. Er blieb ausgesprochen eigenwillig und ließ sich nichts verbieten. Versuchte man ihn z.B. für irgendeine Untat durch einen Klaps zu bestrafen, dann wurde er sogleich ernstlich aggressiv. Ein Hund dagegen paßt sein Verhalten an und ordnet sich unter. Er ist von Natur ein Gruppenwesen.«

Fähigkeit zum Unterordnen

Die sogenannte »Hackordnung«

Der erste, der das Phänomen der Rangordnung wissenschaftlich untersucht hat, war Thorleif Schjelderup-Ebbe, ein norwegischer Zoologe. Er lernte die einzelnen Mitglieder eines Hühnerhofes individuell kennen und stellte bei ihrer Beobachtung fest, daß die vielen kleinen Zänkereien, die sich im Laufe eines Tages zwischen den Hühnern abspielen, einem zuvor unbekannten System folgten: Die Hühner hacken sich nicht etwa gegenseitig, sondern nach einem festliegenden

Schema, der sogenannten »Hackordnung«. Das ranghöchste Huhn darf in der Regel alle unter ihm stehenden hacken, das rangniederste wird von allen gehackt – wobei sich allerdings die ranghöchsten deutlich zurückhalten und ihre Aggressionen eher auf die ihnen unmittelbar folgenden Ränge konzentrieren.

Auch komplizierte Dreiecksverhältnisse kommen vor. Es kann sich ergeben, daß eine ranghohe Henne A die Hennen B und C besiegt hat, die ihrerseits wieder über D und E dominieren. D aber hat es vielleicht geschafft, die von einem anderen Kampf erschöpfte Henne A in die Flucht zu jagen, und ist ihr von nun an übergeordnet, während sich an D's Unterlegenheit gegenüber B und C nichts ändert.

Geschlechtshormone und sozialer Rang

Daß Geschlechtshormone etwas mit dem sozialen Rang zu tun haben könnten, vermutete W. C. Alley, Professor an der Universität von Chicago. Er führte mit seinen Studenten eine Reihe von Versuchen durch, die seine Vermutung bestätigten. Nachdem einigen rangniederen Hennen männliche Sexualhormone eingespritzt worden waren, wurden sie deutlich aggressiver und offenbar auch stärker als ihre bisher überlegenen Konkurrentinnen. Sie bestanden erfolgreich eine Reihe von Kämpfen und stiegen die soziale Stufenleiter hinauf. Genau umgekehrt wirkte es, wenn einzelne Hühner mit weiblichen Sexualhormonen behandelt wurden. Sie zeigten plötzlich ein extrem unterwürfiges Verhalten, wichen Rangkämpfen nach Möglichkeit aus und manövrierten sich so unaufhaltsam ans untere Ende der Rangskala.

Andere Versuche, die A. M. Gruhl durchgeführt hat, zeigten auf ganz andere Weise die Auswirkungen der Rangordnung auf das sexuelle Verhalten. Ohne auf Hormonspritzen zurückgreifen zu müssen, gelang es A. M. Gruhl, Hühner zu stärker männlich oder stärker weiblich ausgerichtetem Verhalten zu bewegen, indem er ihre Position innerhalb der Rangordnung in ein anderes Verhältnis setzte. Er teilte Gruppen von 30 bis 40 Hennen, sobald sie eine stabile Hackordnung herausgebildet hatten, in drei Kleingruppen auf, so daß die ranghöchsten, die Hennen des Mittelfeldes und die rangniedrigsten jeweils eine eigene Gruppe bildeten. So fand sich in der ersten Gruppe eine bislang immer ausgesprochen ranghohe Henne plötzlich als niedrigste wieder, während in der letzten Gruppe eine bisher unterwürfige Henne unversehens zur Anführerin ihrer Leidensgenossinnen aufstieg.

Die Auswirkungen dieser Umgruppierung auf das Sexualverhalten waren erstaunlich. Die bis dahin absolut hochmütigen Hennen der ersten Gruppe zeigten sich, mit Ausnahme der nach wie vor allerhöchsten Ränge, den Hähnen gegenüber sehr viel unterwürfiger. Die plötzlich zu Schlußlichtern beförderten ranghohen Hennen waren häufiger als je zuvor zum Geschlechtsverkehr bereit, was sie durch freiwilliges Einnehmen der Paarungsstellung bekundeten. Die ehedem häufig paarungsbereiten Hennen des niederen Ranges, die durch die Umgruppierung aufgestiegen waren, verloren dagegen ihre Unterwürfigkeit und ließen so leicht keinen Hahn mehr an sich heran.

Höherer Rang durch Nachwuchs

Warum das so ist, läßt sich vielleicht deutlicher erkennen, wenn man das Verhalten wildlebender Verwandter unserer Haushühner betrachtet. Ihre soziale Organisation ist darauf ausgerichtet, den Küken größtmöglichen Schutz zu bieten. So besitzen beispielsweise die ranghöchsten Hähne der asiatischen Bakiva-Rasse, von der unsere Haushühner abstammen, ein eigenes Revier mit drei bis fünf Hennen, die ihnen im Rang untergeordnet sind und sich ihrer Führung und ihrem Schutz anvertrauen. Sobald aber eine Henne brütet, beansprucht sie ein eigenes Revier, von dem sie andere Hennen fernhält. Eine Henne, die Küken führt,

! Der soziale Rang hat in der Tierwelt nicht nur mit Machtgelüsten und Machtbefugnissen zu tun, sondern ebenso mit Schutzverpflichtung und selbstloser Fürsorge. Durch die Ausbildung von Rangordnungen werden dem einzelnen Individuum in der Gesellschaft bestimmte Rechte und Pflichten zugewiesen. Hierbei lassen sich verschiedene Arten von Rangordnungen unterscheiden, nämlich relative und absolute.

nimmt deutlich einen höheren sozialen Rang ein als eine Artgenossin, der der »Kükensegen« versagt geblieben ist.

Der Bakiva-Hahn führt seine Hennen zu Wasser- und Futterplätzen, an denen er ihnen freiwillig den Vortritt läßt. Er lockt sie zu sich, um sie zusammenzuhalten, er warnt sie bei Gefahr und verteidigt sie gegen eventuelle Angreifer. Und er tut damit genau dasselbe, was jede einzelne Henne für ihre Küken tut. Die Glucke lockt sie, damit sie beisammenbleiben, führt sie zur Tränke und zum Futter und verzichtet selbst auf manchen Leckerbissen, um ihn ihren Kindern zugute kommen zu lassen. Sie wacht über ihre Kinder und verteidigt sie unter Einsatz ihres eigenen Lebens.

Hat man die Schutzfunktion erst einmal erkannt, die der Ranghohe für seine Gefolgschaft erfüllt, dann bewertet man auch manche seiner Privilegien anders. Wenn er als erster ißt oder trinkt, dann braucht das ursprünglich ja nicht zu bedeuten, daß er sich auf Kosten der ihm folgenden Gruppe sättigt. Vielleicht heißt es doch zunächst einmal, daß er prüft, ob Essen und Trinken genießbar sind, ehe er beides für seine Schutzbefohlenen freigibt. Und wenn er als erster einen Schlafbaum besteigt, einen Rastplatz aussucht oder den Weg bestimmt, auf dem ihm die anderen zu folgen haben, dann ist das unter Umständen eher ein Risiko als ein Vorrecht.

Gesellschaftliche Stellung, Raum- und Besitzanspruch

Wir haben im letzten Kapitel von der Individualdistanz, dem Sicherheitsabstand, und dem damit verbundenen Raumanspruch gesprochen, den viele gesellig lebende Tiere gegen Artgenossen aufrechterhalten. Beobachtungen an freilebenden Affenhorden haben den Zusammenhang zwischen der gesellschaftlichen Stellung und dem persönlichen Raumanspruch besonders deutlich

Paschahaftes Benehmen erweckt dieser Mantelpavian mit seinem Harem. Doch ungeschriebene Rangordnungen regeln das Zusammenleben.

gemacht. Doch gerade hier hat sich auch gezeigt, daß es neben dem zunächst ins Auge fallenden Mindestabstand, den ein gesellig lebendes Wesen einzuhalten bestrebt ist, auch einen Höchstabstand gibt, der die Entfernung zwischen Ranghohen und Abhängigen regelt und den Wirkungsbereich der Rangniederen manchmal empfindlich einschränkt. Ein freiheitsliebender Mensch denkt

Nur drei Meter darf sich ein Mantelpavian-Junges von seiner Mutter entfernen. Dann wird es – hier durch Ziehen am Schwanz – zurückgeholt.

dabei zunächst einmal an Tyrannei und Pascha-Benehmen. Aber womöglich steckt etwas ganz anderes dahinter.

Bei Mantelpavianen dürfen sich die Jungen nur in einem Umkreis von drei Meter Entfernung von der Mutter bewegen; sobald sie diese unsichtbare Grenze überschreiten, werden sie zurückgeholt. Das gleiche gilt für die von einem Affenboß beanspruchten Weibchen. Sie werden sozusagen in seine »Privatsphäre«, seinen persönlichen Machtbereich aufgenommen, zu der rangniedere Tiere normalerweise keinen Zutritt haben, müssen das aber mit einer Einbuße an Bewegungsfreiheit bezahlen. Sicherlich dient dergleichen dem Schutz derer, die aufgrund ihres niederen Ranges zur Folgsamkeit verpflichtet sind, es führt aber unter Umständen zu einer sehr zwiespältigen Einstellung dem Ranghohen gegenüber, die im Keim vielleicht schon den späteren Aufruhr der Abhängigen gegen ihren Beschützer enthält.

Sehr deutlich wird die aggressionsgeladene Atmosphäre, die die Beziehungen zwischen »Boß« und »Schutzbefohlenem« gelegentlich kompliziert, in einem Forschungsbericht von Jane van Lawick-Goodall, veröffentlicht in ihrem Buch »Wilde Schimpansen«: »Manchmal kommt es vor, daß ein männlicher Schimpanse ein Weibchen gegen seinen Willen zwingt, ihn so lange auf seinen Wanderungen zu begleiten, bis er das Interesse an ihm verliert oder bis es ihm entwischen kann. Einmal sah ich J. B., gefolgt von einer alten Schimpansenmutter, die ihr dreijähriges Kind bei sich hatte und unruhig in unsere Richtung spähte, den Hang hinunterstürmen. Das Weibchen war noch nie beim Camp gewesen, und wir versteckten uns rasch in einem der Zelte. Als die beiden näher gekommen waren, blieb das Weibchen spähend stehen. Plötzlich sah sich J. B. um und bemerkte, daß es ihm nicht folgte. Er richtete sich auf, packte einen jungen Baum und schüttelte ihn so lange, bis das Weibchen wimmernd herbeieilte und unterwürfig seine Flanke berührte.

»Wilde Schimpansen«

J. B. setzte sich wieder in Bewegung, aber schon nach ein paar Schritten blieb das Weibchen, von dem Anblick unserer Zelte erschreckt, aufs neue stehen. Es schickte sich eben an, die Flucht zu ergreifen, als J. B. sich nach ihm umsah, mit wenigen Sätzen bei ihm war, auf seinen Rücken sprang und es, wild mit den Füßen stampfend, attakkierte. Das Weibchen lief laut schreiend davon, blieb aber schon nach wenigen Metern stehen, drehte sich um, lief zu J. B. zurück und duckte sich demütig nieder, bis er eine Hand ausstreckte und ihm ausgiebig den Kopf tätschelte. Dann setzte er sich wieder in Marsch, und diesmal folgte sie ihm – wenn auch nur wenige Schritte.

Als J. B. jedoch gleich wieder einen Schößling packte und schüttelte, zeigte sich, daß ihre Furcht vor ihm größer war als die Furcht vor dem fremden Ort, zu dem er sie hinführte, und sie eilte an seine Seite. Schließlich folgte sie ihm mitten auf die Lichtung, und zu unserer Überraschung (J. B. achtete im allgemeinen streng darauf, daß niemand seinem Futter zu nahe kam) erlaubte er dem Weibchen, sich reichlich von seinen Bananen zu nehmen.«

Was mag die Ursache für J. B.'s Hartnäckigkeit gewesen sein? Herrschsucht? Eitelkeit? Selbstlose Nächstenliebe? Oder von allem ein bißchen? Ganz sicher wohnt jedem gesellig lebenden Wesen auch ein Drang zur Mitteilung inne, der die Konsequenz der Teilung einschließt. Unser Sprichwort »Geteilte Freude ist doppelte Freude« scheint Wurzeln zu haben, die tief in unsere Säugetiervergangenheit hineinreichen.

Gruppenleben erfordert Spielregeln

Das Leben in der Gruppe erfordert Spielregeln wie z.B. die soziale Rangordnung nicht nur, um Rivalität, Futterneid oder Raumansprüche des einzelnen in Grenzen zu halten, sondern auch, um eine gewisse Verbindlichkeit im Verhalten zu erreichen. Säugetierkinder brauchen oft lange, bis sie erwachsen sind. Sie werden in dieser Zeit nicht nur von ihren Eltern, sondern von allen älteren Gruppenmitgliedern vorbildlich betreut und regelrecht erzogen. Vieles spricht dafür, daß die Ranghöhe des Erziehers sich auf die Lernfähigkeit des Heranwachsenden auswirkt. Man kann das Ansehen eines Gruppenmitgliedes daran ablesen, wieviel Respekt es sich bei den anderen verschafft, und das zeigt sich unter anderem daran, wieviel sie sich von ihm sagen lassen.

Testen kann man diese Zusammenhänge in jeder beliebigen Familie. Wenn ein Sechsjähriger seinem zehnjährigen Bruder sagt, er solle jetzt seine Spielsachen zusammenräumen und ins Bett gehen, dann wird der Zehnjährige das allenfalls als Witz auffassen. Kommt dieselbe Aufforderung von einer älteren Schwester, wird sie schon etwas eher zur Kenntnis genommen, aber kaum ohne weiteres befolgt. Erinnert die Mutter ihren Sohn daran, daß es jetzt Zeit zum Aufräumen und Schlafengehen sei, wird sie – je nachdem, wie streng sie im allgemeinen ist – hingehalten, um Aufschub gebeten oder in listige Diskussionen verwickelt, während erstaunlicherweise meist ein Räuspern oder ein ernster Blick des Vaters ausreicht, den Jungen zur Raison zu bringen.

Rollenverteilung

Wer meint, da stecke kein biologisches Gesetz dahinter, sondern nur eine veraltete Rollenverteilung in der Familie, nehme als Versuchsperson das jüngste Baby der Familie, das noch gar nichts davon weiß, daß es eines Tages »gehorchen« muß. Wenn es aus Ärger schreit (Schreien aus Hunger »gilt« nicht, weil Hunger nicht durch Respekt zu stillen ist), dann wird es sich durch Geschwister oder die Mutter kaum stören lassen, während ein ernstes Wort des Vaters es höchstwahrscheinlich überrascht aufhorchen läßt. Ansehen wird also nicht nur über den Gesichtssinn wahrgenommen, sondern auch über das Gehör, und wer bisher nie verstanden hat, warum manche Politiker auf Wahlkampfreisen die Fäuste schütteln und ihre Stimme erheben, als gäbe es kein Mikrophon auf dem Rednerpult, der weiß es jetzt.

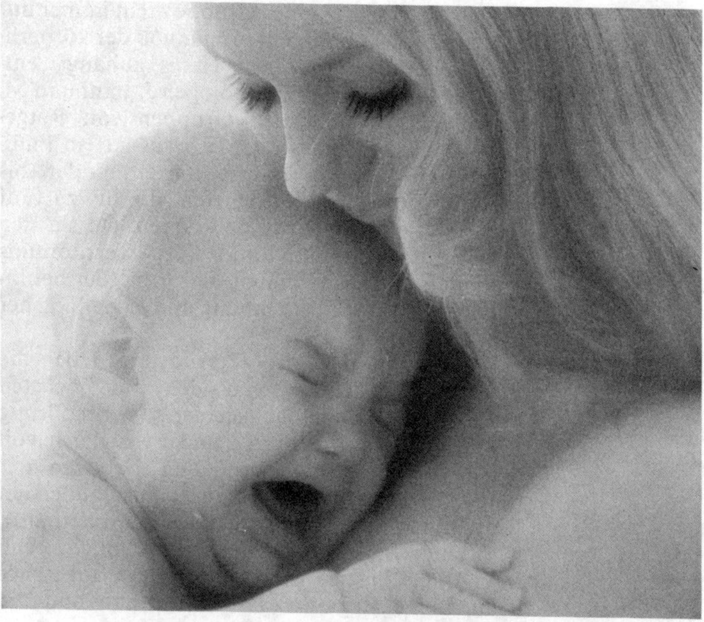

Die natürliche Autorität des großen, starken, laut und dunkel sprechenden Vaters über das kleine, schwache, mit leiser und dünner Stimme sprechende Kind wiederholt sich in den meisten Rangordnungs-Systemen. Wir haben schon erwähnt, daß unterwürfige Verhaltensweisen im Kampf zwischen Tieren oft kindliches Benehmen imitieren, und ganz allgemein kann man sagen, daß der Rangniedere dem Ranghöheren gegenüber versucht, sich klein und unauffällig zu machen und sich auch stimmlich zurückzuhalten bis zum völligen Verstummen. Ähnliches gilt häufig für das sexuelle Verhalten: Es wird bei Rangniederen unterdrückt oder allenfalls in spielerischer Form zugelassen. Zur Fortpflanzung gelangen im allgemeinen nur die ranghohen Tiere.

Das Schreien des Babies ist ein Signal, auf das die Mutter natürlicherweise mit liebevoller Zuwendung reagiert.

Körperliche Überlegenheit

Daß der Rang in einer Gruppe nicht immer nur erkämpft wird und damit primär von der körperlichen Überlegenheit eines Tieres abhängt, entdeckten die japanischen Zoologen J. Itani und M. Kawai bei wildlebenden Gruppen von Rotgesichts-Makaken. Diese den Rhesus-Affen ähnlichen Tiere leben in Trupps von einhundert bis dreihundert Tieren in Gebieten, die bis zu fünf Quadratkilometer groß sein können. Ob sie sich im Zentrum oder am Rand dieses Territoriums aufhalten dürfen, bestimmt der Rang, der bei ihnen deutlich von Abstammung und Erziehung her geprägt wird.

Im Zentrum des Affen-Territoriums leben die Weibchen, beschützt von den ranghöchsten Männchen, deren Hoheitsgebiet sich ringförmig um dies Zentrum erstreckt und es zugleich von den weiter außerhalb liegenden Gebieten der rangniederen Männchen trennt. Den äußersten Ring bilden die »Halbstarken«. Sie werden also, wie Vitus B. Dröscher in seinem Buch »Die freundliche Bestie« ironisch vermerkt, abgeschoben in eine Region, »wo Feinde nah und die Weibchen fern sind«.

Ein Makaken-Weibchen nimmt den Rang des Männchens an, mit dem es sich paart. Kein Affe niederen Ranges würde es wagen, ihr oder ihren Kindern zu nahe zu treten – und da die Kinder das Verhalten ihrer Mütter nachahmen, lernen sie bereits in früher Jugend, herrisch oder, im Falle niederer Herkunft, unterwürfig zu reagieren, wenn sie auf Gruppenmitglieder stoßen, die nicht ihrem eigenen Rang entsprechen. Ein auf demütiges Verhalten getrimmtes Kind der Unterschicht bleibt aller Voraussicht nach auch als Erwachsener am unteren Ende der Hierarchie, während ein früh an selbstbewußtes Auftreten gewöhnter Sprößling ranghoher Eltern meist auch dann noch zu dominieren weiß, wenn er der Aufsicht und damit dem Schutz der Eltern längst entwachsen ist.

Sexualverhalten

Auch ein gesellig lebendes Wesen ist, zumindest wenn es der Schutzbedürftigkeit und Abhängigkeit seiner frühen Kindheit entwachsen ist, ein Einzelgänger. Es fühlt sich im allgemeinen nur dann wohl in seiner Haut, wenn kein anderer ihm zu nahe kommt (Individualdistanz) und wenn niemand ihm vorschreibt, was es wo und zu welchem Zeitpunkt zu tun habe. Es läßt sich lieber von seinen eigenen Stimmungen und Bedürfnissen als von Rücksichtnahme auf seinen Nächsten leiten, und es reagiert im allgemeinen ärgerlich, wenn ein anderer sich anschickt, ihm unerbetene Aufmerksamkeit zu widmen.

Annäherung an den Partner

Das alles ändert sich drastisch, wenn es ins fortpflanzungsfähige Alter kommt und beginnt, sich nach einem Partner umzusehen. Auch bei Tieren, die sich ohne körperliche Vereinigung fortpflanzen, gibt es Werbezeremonien und Liebesspiele, und daß nicht immer nur Sexualität eine Rolle spielt, wenn zwei Individuen einander als (Lebens-)Partner erwählen, beweisen etwa die Verlobungssitten beim Kolkraben, bei der Graugans, bei Bartmeisen oder Gimpeln. Die Annäherung an den Partner, ganz gleich, ob sie »nur« den einmaligen sexuellen Kontakt oder die Anbahnung einer lebenslangen Gemeinschaft einleitet, enthält sowohl aggressive als auch beschwichtigende Elemente. Ohne das »Drauflosgehen« (lateinisch »aggredi«) käme gar kein Kontakt zustande, und ohne Beschwichtigung könnte die Balz leicht in ernstlichen Streit ausarten.

Zur Paarungszeit zeigt der Hengst als typisches Ausdrucksverhalten das »Flehmen«: Er stülpt die Oberlippe auf, schließt die Nasenlöcher und hebt den Kopf.

Unser Sprichwort »Was sich liebt, das neckt sich« drückt sehr treffend die im Verborgenen vorhandene Aggressivität aus, die häufig die ersten Annäherungsversuche zwischen zwei Partnern kennzeichnet. So wie Schuljungen nicht selten gerade das Mädchen an den Zöpfen ziehen, das sie insgeheim lieber mögen als andere, so verfolgen junge Bartmeisen ihr künftiges Weibchen, indem sie es hetzen und knuffen und hacken und schubsen, und dies versteht das rüpelhafte Betragen durchaus als gewisse Auszeichnung und läßt es sich, sofern sie den frechen Draufgänger nicht gerade verabscheut, gerne gefallen.

Verliebte Bartmeisen

Schon nach wenigen Tagen schlafen die beiden jugendlichen Bartmeisen eng aneinandergekuschelt, lassen einander tagsüber nicht aus den Augen und flattern sozusagen »Hand in Hand« durchs Leben: Sie gehen gemeinsam auf Futtersuche, trinken aus derselben Pfütze und baden anschließend zusammen darin, sie kraulen einander das Gefieder und wärmen sich gegenseitig in kalten Nächten.

Der sogenannte Jugendschwarm, in dem sie einander kennengelernt haben, löst sich auf, sobald sich die Pärchen gefunden haben, und paarweise, wenn auch nicht in so inniger Bindung wie zur Zeit ihrer ersten Liebe, machen die jungen Bartmeisen ihre Mauser durch, nach der sie die Gefiederfärbung erwachsener Vögel zeigen. Von nun an ist es ihnen möglich, sich auf Rufweite voneinander zu entfernen, aber immer noch schlafen sie nachts dicht nebeneinander und versichern sich tagsüber, wenn sie sich aus den Augen verlieren, wenigstens stimmlich der Nähe des anderen. Und jetzt erst, nach mehr als einem halben Jahr engster Vertrautheit miteinander, werden die Paare geschlechtsreif, jetzt erst sucht das Bartmeisenmännchen einen Nistplatz, an den es sein Weibchen lockt, jetzt erst folgen die eigentliche Balz, Begattung, gemeinsames Brüten und Aufzucht der Jungen.

Ein halbes Jahr später

Werbungsrituale der Tiere

Daß Vögel sehr hartnäckig sein können, wenn die erwählte Partnerin ihnen die kalte Schulter zeigt, beobachtete Dr. Eberhard Gwinner, der sich intensiv mit dem Sozialverhalten von Kolkraben beschäftigt hat. Ein junger Rabe namens Goliath verliebte sich um die Zeit, in der Raben sich zu verloben pflegen, in Davida, die ihrerseits nur Augen für Dr. Gwinner hatte, der sie vom ersten Lebenstage an aufgezogen hatte. Goliath aber ließ sich durch ihre offensichtliche Interesselosigkeit nicht einschüchtern, sondern versuchte immer wieder, mit kleinen Geschenken ihre Zuneigung zu gewinnen. Das gehört durchaus zum Werbungsritual und sieht so aus, daß der Rabe zuvor versteckte Fleischbrocken hervorholt und der Räbin unter auffälligem Flügelzucken und Fütterungslockrufen anbietet. Das Weibchen entnimmt daraus, daß er bereit ist, im nächsten Frühjahr mit ihr gemeinsam eine Familie zu ernähren, und wenn sie ihn als Partner akzeptiert, duckt sie sich

Werbezeremonien dienen vor allem dazu, die Scheu vor dem unbekannten Partner abzubauen. Sie enthalten häufig Elemente der Aggression, aber auch der ritualisierten Brutpflege. Zärtliches Schnäbeln hat sich wahrscheinlich ebenso wie der Kuß aus einer ritualisierten Fütterungsgeste entwickelt. Oben: »Droh-Gähnen« zweier Segelflosser; links: spielerischer Schlagabtausch zwischen Pelikanen; rechts: Paarungsvorspiel beim Damwild; rechts oben: Balzfütterung beim Bienenfresser

Werbezeremonien

Tierart	Werbeverhalten
	Geschenk als Reizmittel
Tanzfliege	Männchen übergibt Weibchen »Nahrungspäckchen« – Blase aus seidigem Material, in die kleines Insekt eingebettet ist
verwandte Fliegen	legen nur Holzsplitter oder ein Blatt in »Geschenkpäckchen«
Gottesanbeterin	Männchen muß Weibchen ganz präzis auf den Rücken springen. Gelingt das nicht exakt, faßt das Weibchen den Kopf des Männchens und frißt es auf
Seeschwalbe	Männchen schenkt Weibchen kleinen Fisch, den es im Schnabel hält, es beginnt mit den Werbungsriten, sobald ein Weibchen erscheint, das bereit ist, den Fisch anzunehmen
	chemische Reize
Hunde	ermitteln ihren Partner mit Hilfe des Geruchsinnes
Motten	lösen Paarungsbereitschaft mit Hilfe ihrer Duftdrüsen aus
Stachelhäuter (Seelilien, Seegurken, Seeigel und Seesterne)	sondern eine Flüssigkeit von besonderer chemischer Zusammensetzung zusammen mit ihren Eiern in das umgebende Wasser ab, die andere Tiere der gleichen Spezies veranlaßt, ihrerseits Samen oder Eier auszuscheiden
	Tastreize
Tarantel (Spinnenart)	legt beim Werbungstanz seine Vorderbeine auf die Giftdrüsen des Weibchens. Dann führen beide eine Reihe von komplizierten Schritten aus, worauf die Paarung erfolgt
Flußneunaugen	schwimmen Flüsse und Bäche aufwärts und saugen sich von Zeit zu Zeit an Steinen fest, bis sie auf Weibchen stoßen, die ihre Paarungsbereitschaft zu erkennen geben

Tierart	
	optische Reize
Laubenvogel	Männchen baut kompliziertes Nest, das es mit Steinchen, Beeren, Blättern und Blüten ausschmückt, das Weibchen wird in das schön geschmückte Nest geleitet, wo das Männchen dann die Werbezeremonie ausführt
Zaunkönig	baut eine ganze Reihe von Nestern verschiedenster Art und stellt sich davor zur Schau, bis ein Weibchen Interesse zeigt
Adelie-Pinguin	legt Weibchen runden Stein zu Füßen – Männchen mit roten Steinen haben die größte Aussicht, das Weibchen zur Paarung zu bewegen
Glühwürmchen	sendet in Abständen Lichtsignale aus, um Weibchen anzulocken
	akustische Reize
Singvögel (Stare, Finken, Lerchen, Meisen, Drosseln usw.)	Die meisten Singvögel locken auch mit ihrem Gesang. Deshalb sind die Weibchen normalerweise keine so guten Sänger wie die Männchen

nieder, schwirrt mit den Flügeln, winselt wie ein hungriges Kind und läßt sich füttern. Davida aber verschmähte alle Leckerbissen, die Goliath ihr brachte, und bettelte viel lieber Dr. Gwinner um ähnliche Zeichen seiner Liebe an.

Belohnte Ausdauer

Mit der Zeit wurde Goliath ungeduldig, versuchte Davida mit Gewalt zu füttern und verfolgte sie, wenn das nicht glückte, mit wütenden Schnabelhieben. Und im Frühjahr baute er, immer noch blind für die Reize anderer Rabenmädchen, ein Nest für Davida. Seine Ausdauer zahlte sich zu guter Letzt doch noch aus. Als Dr. Gwinner für ein paar Wochen verreisen mußte, entdeckte Davida endlich die Vorzüge eines artgemäßen Ehemannes, zog zu ihm in sein Nest und wurde eine zwar immer noch sehr selbstbewußte, aber doch zärtliche und treue Ehefrau.

Kolkraben können sich nur an wenigen Tagen des Frühjahrs paaren, und die rechtzeitige und zuverlässige Einstimmung auf diese Zeit ist unter dem Aspekt der Arterhaltung besonders wichtig. Denn wenn zu diesem Termin keine Befruchtung erfolgt, bleibt das Paar kinderlos und muß ein volles Jahr lang auf eine neue Chance warten. Anderen Tieren bleibt noch weniger Zeit. Das Stachelschwein-Weibchen ist nur an einem Tag im Jahr paarungsbereit, und seine Empfängnisfähigkeit beschränkt sich auf drei bis vier Stunden. Von daher wird verständlich, daß die Natur im Zusammenhang mit Partnersuche und Vorbereitung auf den Augenblick der Paarung nichts dem Zufall überläßt. Ob nun Männchen oder Weibchen die Initiative ergreifen – sie locken einander an durch optische, akustische, chemische oder taktile Reize, das heißt durch Botschaften, die über den Gesichtssinn, das Gehör, den Geruch oder die Berührung vermittelt werden, sie stimmen sich aufeinander ein, und die Weibchen signalisieren den Männchen auf das genaueste, wann der Zeitpunkt ihrer optimalen Bereitschaft da ist.

Genaue Planung

Paarungsverhalten

Sehr genau untersucht worden sind die einzelnen Phasen im Paarungsverhalten der Erdkröte, die zwar, wie ihr Name schon sagt, auf dem Land zu Hause ist, zur Fortpflanzung aber den Tümpel aufsucht, aus dem sie stammt und zu dem ihr erstaunliches Ortsgedächtnis sie sicher zurückführt. Schon auf der Wanderung der Kröten zu ihren Laichplätzen springen die Männchen aufgrund eines nicht eben wählerischen angeborenen Auslö-

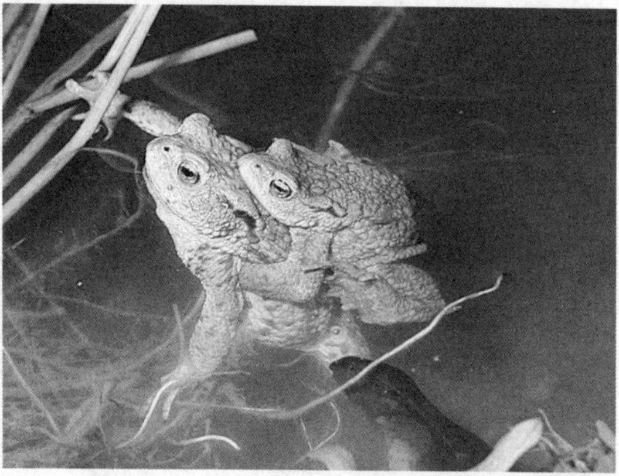

Kurz vor dem Ablaichen befinden sich diese Erdkröten, die bis zu der sich anschließenden Befruchtung aneinandergeklammert verharren werden.

semechanismus alles an, was sich bewegt und in etwa die Größe einer Kröte hat. Geraten sie dabei an ein anderes Krötenmännchen, so protestiert dies mit spezifischen Abwehrrufen und -bewegungen, woraufhin es wieder freigelassen wird. Weibchen hingegen verhalten sich ruhig, wenn ihnen ein Männchen auf den Rücken springt; sie werden umklammert und so lange festgehalten, bis sie das Wasser erreicht haben und bereit sind zum Ablaichen.

Sobald sie dem Männchen diese Bereitschaft durch eine besondere Streckbewegung mitgeteilt haben, findet die eigentliche Paarung statt. Das Männchen nimmt, am Rückenende des Weibchens hockend, den in mehreren Schüben austretenden Laich in Empfang und befruchtet ihn. Dann erst löst es seine Umklammerung und läßt das Weibchen davonschwimmen, das sich, sollte es noch einmal von einem anderen Männchen behelligt werden, selber wie ein Männchen verhält: Es schlägt mit den Hinterbeinen aus, um sich gegen die Umklammerung zu wehren, und dies Signal wird auch ohne den männlichen Abwehrlaut verstanden und respektiert.

Auf menschliche Beobachter wirkt das Paarungsverhalten der Kröten und Frösche eher abstoßend, wahrscheinlich weil ihm die Phase behutsamer Annäherung fehlt, die uns so wichtig ist. Trotzdem ist es sicher übertrieben, es als »blindwütige Vergewaltigung« zu interpretieren. Der Druck, den die Krötenmännchen auf die Weibchen ausüben, indem sie sich stunden- und zur Not auch tagelang auf ihrem Rücken anklammern und mit den Vorderbeinen ihren Leib pressen, dient schließlich auch dazu, das Ablaichen zu beschleunigen, was wiederum den Weibchen Erleichterung verschafft. Je nach dem Blickwinkel des menschlichen Betrachters erscheint dann dasselbe Verhalten eines Tieres einmal brutal und einmal ausgesprochen fürsorglich.

Wenn Tiere – wie beispielsweise Maulwürfe, Hasen, Hamster oder Eichhörnchen – den Großteil des Jahres solitär leben, das heißt allein für sich in einem gegen Artgenossen verteidigten Revier, dann sind zur Fortpflanzungszeit besonders starke Barrieren zu überwinden, um die Paarung überhaupt zu ermöglichen. Denn das Männchen, das jetzt im Revier eines Weibchens auftaucht, wird zunächst nicht als Partner, sondern nur als lästiger Eindringling betrachtet und entsprechend unfreundlich begrüßt. Doch während sonst regelmäßig die Revierbesitzerin ihr Heim erfolgreich verteidigt, flieht sie zur Paarungszeit nach kurzem und von Mal zu Mal weniger ernsthaftem Kampf, um immer wieder zurückzukehren, bis sie schließlich dem Männchen den Zutritt zu ihrem Bau gestattet und in die Paarung einwilligt.

Flucht vor dem Männchen

Die Flucht vor dem Männchen gehört bei manchen Tierarten – und in Anklängen durchaus auch beim Menschen – geradezu zum Ritual der Paarung. Eichhörnchen jagen weibliche Tiere, die durch Ausstoßen eines Brunstrufes auf ihre prinzipielle Bereitschaft zur Annäherung aufmerksam gemacht haben, oft weit aus ihrem Revier hinaus, bis sie nach stundenlanger Jagd baumauf und baumab so erschöpft sind, daß sie sich dem Männchen ergeben.

Ähnliches gilt für Herdentiere wie Gazellen oder Antilopen. Bock bzw. Bulle treiben sie weit von der Herde fort, um sie paarungsbereit zu machen – und vielleicht wäre es zutreffender zu sagen: Die weiblichen Tiere lassen sich vom Männchen ihrer Wahl querfeldein treiben, als Bestandteil des auch von ihnen gewünschten Paarungsvorspiels, denn sie sind schnell genug, ihm zu entkommen, wenn sie das wollten.

Kämpfe und Gefechte als Vorspiel

Beim afrikanischen Kudu, einer Antilopenart, leitet der sogenannte Halskampf die Werbung ein, der ursprünglich dazu dient, auf unblutige Weise auszumachen, wer von zwei Rivalen der Stärkere ist. Im Paarungsvorspiel drückt nun der Bulle den Hals der Kuh nur andeutungsweise nach unten, gerade so weit, daß sie spürt, er ist stärker als sie.

Durch den sogenannten Halskampf leiten verschiedene Tiere wie zum Beispiel Giraffen und Antilopen das Werbungsvorspiel ein. Auf der Abbildung Rappenantilopen.

Und das ist für sie das Signal zur Flucht, auf der ihr der Bulle folgt, der von Zeit zu Zeit seitlich aufholt und mit seinem Kopf leicht über den Hals der Kuh streicht. Allmählich verlangsamt sich ihr Tempo, und es kommt zur Paarung, wenn die Kuh endgültig stehenbleibt.

Bei anderen horntragenden Arten tritt neben dem Halskampf der sogenannte Laufschlag auf, der als Relikt aus einer Zeit interpretiert wird, in der diese Tiere noch mit Schlägen kämpften, weil ihnen die Hörner erst in einer späteren Phase ihrer Entwicklung wuchsen. Dieser Laufschlag drückt im Paarungsvorspiel symbolisch die Notwendigkeit aus, das eigentlich widerstrebende Weibchen durch körperliche Überlegenheit gefügig zu machen.

Paarungsvorspiele

Regelrechte Gefechte liefern sich männliche und weibliche Baßtölpel, bevor sie sich paaren, und das trotz der Tatsache, daß sie ihr Leben lang mit demselben Partner verheiratet bleiben. Baßtölpel nisten in Felsenkolonien vor der Küste Neufundlands, rings um Island und Großbritannien herum und vor der norwegischen Küste. Sie suchen Jahr für Jahr dieselben Nistplätze auf, und Jahr für Jahr entbrennt zwischen den zuerst eintreffenden Männchen ein heftiger Kampf um die Nester, die in schwindelnder Höhe an die Felsvorsprünge der Steilküsten geklebt sind.

Wer ein Nest erobert hat, darf es solange nicht mehr verlassen, bis sein Weibchen eintrifft, das ihn bei der Nestwache ablösen kann. Doch während das Weibchen ihren Gefährten unter Tausenden herausfindet, tut er so, als kenne er es nicht mehr: Er empfängt es mit wütenden Schnabelhieben und Flügelschlägen, die es ohne Gegenwehr über sich ergehen läßt. Sitzt das Weibchen erst einmal im Nest, läßt die Aggression des Männchens nach, und nun kämpfen beide eher spielerisch miteinander, bis aus dem anfangs heftigen Schnabelschlagen ein zärtliches Schnäbeln gewor-

Dieses balzende Blaufußtölpel-Paar, das wahre Kämpfe ausficht, ehe es sich paart, wird sich ein Leben lang treu bleiben.

den ist. Jeder Ausflug des einen oder anderen aber stellt die aggressionsgeladene Anfangssituation von neuem wieder her, und erst bei ganz alten Baßtölpel-Paaren hat man beobachtet, daß sie es bei der Heimkehr zum Nest bei symbolischen Prügeln bewenden lassen, indem sie mit den Schnäbeln abwechselnd aufeinander zielen, ohne sich zu berühren.

Auch Kraniche sind – außer im Frühjahr – Einzelgänger, die große Schwierigkeiten haben, mit der zum Eheleben gehörenden ständigen Unterschreitung ihrer Individualdistanz fertig zu werden. Ihr Balztanz ist eine einzige Demonstration ihrer gewaltigen Stärke und Herrlichkeit. Die männlichen Kraniche springen vor den Weibchen hoch in die Luft, entfalten dabei ihre Flügel von

Eine Demonstration von Anmut und gewaltiger Stärke sind die Balztänze der Kraniche. Die männlichen Tiere springen vor dem Weibchen hoch in die Luft, wobei sie die Flügel öffnen und ihm ihren dolchartigen Schnabel entgegenstrecken.

über zwei Metern Spannweite und zücken ihren dolchartigen Schnabel drohend in Richtung Weibchen. Gleich darauf aber wenden sie sich ab und zerfetzen ein Grasbüschel am Boden oder schleudern einen Ast hoch in die Luft. Sie deuten also symbolisch an, wozu sie im Ernstfall imstande wären, und tatsächlich ergibt sich aus dieser sogenannten Drohbalz gelegentlich ein Angriff auf einen zufällig vorüberkommenden Artgenossen.

Drohbalz

Verhaltensweisen, die dem umworbenen Partner gegenüber von echter Aggression bis zur ritualisierten Drohung reichen, stellen aber nur einen Teil des Werbungs-Repertoires dar. Sie werden ergänzt und manchmal sogar ersetzt durch den Rückgriff auf ein Verhalten, mit dem Kleinkinder

eventuelle Aggressionen ihrer Eltern beschwichtigen und – wichtiger noch – ihre brutpflegenden und beschützenden Instinkte wecken. Das sogenannte Kindchenschema, das wir im Zusammenhang mit Schlüsselreizen und angeborenen Auslösemechanismen kennengelernt und als Bestandteil von Unterwerfungsgesten wiedergefunden haben, spielt also auch hier seine Rolle.

Kindliches oder beschwichtigendes Verhalten vor der Paarung

Wenn das männliche Eichhörnchen das Weibchen bis zur völligen Erschöpfung durch den Wald gejagt und damit auf den eigentlichen Akt

Tiere sind meist im Frühjahr oder Herbst paarungsbereit, und bei manchen beschränkt sich die Empfängnisfähigkeit auf wenige Tage oder gar Stunden. Um so wichtiger ist für sie die zeitliche Übereinstimmung ihres Paarungsverhaltens, die sowohl durch hormonelle Steuerung als auch durch auslösende Signale des Geschlechtspartners erreicht wird. Links oben: Paarung beim Laubfrosch; oben: bei der Lachmöwe; links: bei der Azurjungfer; rechts oben: beim Kulan und beim Hirschkäfer; rechts: beim Wildschwein

Paarung

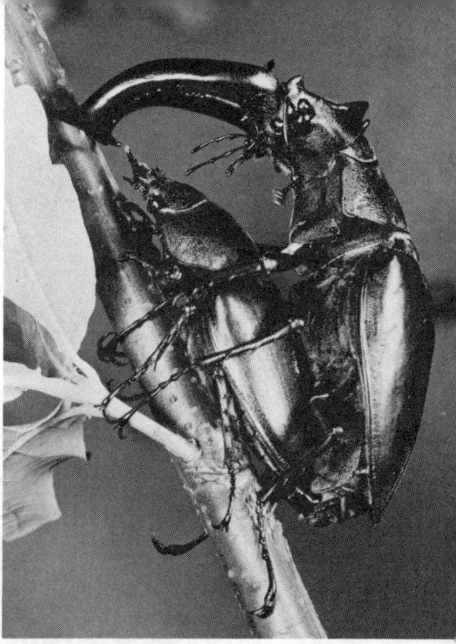

Der Kuß gehört heute unter jungen Leuten ganz selbstverständlich zu den gesellschaftlichen Kontakten. Seine Herkunft ist den meisten von ihnen gewiß unbekannt.

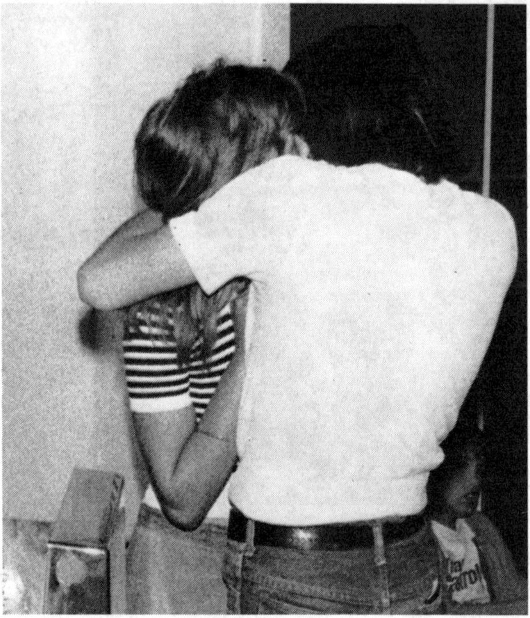

der Paarung eingestimmt hat, dann ist es an einem Punkt angelangt, an dem mit Gewalt nichts mehr zu machen ist. Denn der buschige Schwanz des Eichhörnchens liegt so dicht über der Geschlechtsöffnung, daß er die Paarung unmöglich macht, wenn das Weibchen ihn nicht freiwillig anhebt. Das Männchen muß sich also aufs Bitten verlegen, und das tut es, indem es wie ein kleines Kind zu fiepen beginnt. Damit löst es beim Weibchen so etwas wie mütterliche Zuneigung aus, die Angst vor dem wilden Eindringling verwandelt sich in besorgte Sympathie, und damit sind die Barrieren zwischen beiden überwindbar geworden.

Kindliches Verhalten zeigt auch der männliche Feldsperling, wenn er eine Nisthöhle erobert hat

Händchenhalten und Streicheln unter Menschen, die sich sehr zugetan sind, entstammt, wie auch der Kuß, dem Verhaltensrepertoire zwischen Mutter und Kind.

und dort auf ein vorüberfliegendes Weibchen wartet. Er plustert sich auf wie ein Jungvogel und schilpt mit hoher Stimme, und je intensiver er wirbt, desto kindlicher klingt es, bis man seinen Ruf nicht mehr von dem eines sieben- bis fünfzehntägigen Nestlings unterscheiden kann. Bei zahlreichen anderen Vogelarten benehmen sich die Weibchen diesem Schema entsprechend, indem sie sich vor ihrem Brutpartner so klein wie möglich machen, ihn mit Flügelzittern und Kinderstimme um Futter anbetteln und die Hilflosigkeit in Person darstellen, und daß dergleichen beim Flirt zwischen Menschen gang und gäbe ist, läßt sich vom alltäglichen Augenschein bis in die Hochzeitszeremonien der verschiedensten Völker nachweisen.

Kindliches Verhalten

Sexualität im Dienste der Fortpflanzung

Bei den allermeisten Tieren steht die Sexualität ganz im Dienste der Fortpflanzung. Ihre Geschlechtsdrüsen bilden sich zurück, sobald der Nachwuchs gezeugt bzw. geboren ist, und sie werden erst wieder aktiviert, wenn die nächste Fortpflanzungsperiode herannaht. Auslöser dafür sind die im Frühjahr länger - bzw. im Herbst kürzer - werdenden Tage, die normalerweise zunächst auf die Keimdrüsen und damit auf die Fortpflanzungsstimmung der Männchen wirken. Daß daneben auch andere Faktoren eine Rolle spielen, zum Beispiel der Nachahmungstrieb, hat sich in Experimenten herausgestellt. So wurden einem männlichen Fasan mitten im Winter Geschlechtshormone injiziert, woraufhin er innerhalb der nächsten drei bis vier Tage mit seiner eigentlich erst im Frühling fälligen Balz begann. Andere, unbehandelte Hähne machten es ihm nach, die Fasanenweibchen ließen sich von den balzenden Männchen überzeugen und boten sich zur Kopulation an, und so kam es, daß sie in Eis und Schnee Eier legten und zu brüten begannen.

Es gibt ernstzunehmende Argumente dafür, daß der Kuß zwischen Liebenden als ritualisierte Fütterungsgeste aufgefaßt werden kann, entlehnt aus dem – in manchen Kulturen heute noch üblichen – Verhaltensrepertoire zwischen Mutter und Kleinkind. Auch das Händchenhalten und Streicheln oder die Sitte, den Partner in Verkleinerungsform anzusprechen (Schätzchen, Liebchen, Herzelein, Baby), gehören ursprünglich zum Brutpflegeverhalten und sind erst zweitrangig in den Bereich der Paarbindung übernommen worden.

Aus dem Bereich der Paarbindung

Beschwichtigende Funktion haben schließlich auch all jene Verhaltensweisen, die versuchen, die Aggressivität des umworbenen oder »angetrauten« Partners durch Geschenke außer Kraft zu setzen. So bieten Seeschwalben ihren Weibchen

Ein Brautgeschenk überreicht das Tanzfliegenmännchen seiner »Angebeteten«. Er weiß warum: Das Weibchen würde ihn sonst während der Begattung fressen. So aber ist sie beschäftigt.

einen Fisch an, und Schwalbenstare, die im indoaustralischen Raum leben, fangen für sie während des Paarungsvorspieles Insekten, um sie freundlich zu stimmen. Gimpel tragen Halme im Schnabel, um ihre ernsten Absichten zu unterstreichen, und flugunfähige Kormorane nähern sich ihren brütenden Partnerinnen nie, ohne ein Büschel Tang oder wenigstens ein Stückchen Holz mitzubringen.

Daß solche Werbe-Geschenke unter Umständen lebensrettend sein können, zeigt das Beispiel der Tanzfliege, deren einzelne Unterarten verschieden weit ritualisierte Formen der gleichen Verhaltensweise zeigen. Da einige Weibchen versuchen, das Männchen zu fressen, das sich gerade mit ihnen paart, fangen die Männchen dieser Spezies vor der Paarung eine Beute und überreichen sie ihrer Partnerin. Auf diese Weise sind sie wenigstens so lange in Sicherheit, wie das Weibchen mit dem Verzehr ihrer Brautgabe beschäftigt ist. Andere Tanzfliegenarten haben es verstanden, diese Sicherheitsspanne zu verlängern, indem sie die Beute vor der Übergabe einspinnen. Das Weibchen muß sie erst auswickeln und kann sich in dieser Zeit nicht um das Männchen kümmern. Auf der nächsten Ritualisierungsstufe spinnen die Männchen einen ungenießbaren Gegenstand ein, zum Beispiel ein kleines Blatt, und auch dies Geschenk erfüllt seinen Zweck vollkommen. Schließlich gibt es noch eine Tanzfliegenart, deren Männchen ballonartige Gewebe ohne Inhalt spinnen; sie dienen als optische Signale bei der Anlockung.

Einflüsse auf sexuelle Entwicklung

Im Zusammenhang mit Rangordnungs- und Revierkämpfen haben wir gesehen, daß die sexuelle Entwicklung der Männchen gefördert, gebremst oder ganz unterdrückt werden kann, je nachdem, welchen Rang innerhalb ihrer Sozialeinheit sie erringen und ob sie kräftig genug sind, ein eigenes Revier zu verteidigen. In ähnlicher Weise wirken Umweltbedingungen auch auf die sexuelle Entwicklung der Weibchen. Die Gegenwart eines balzenden Männchens regt das Wachstum ihrer Eierstöcke ebenso an wie der Anblick eines für sie bestimmten oder ihnen gehörenden Brutplatzes. Bei Säugetieren wirken die Jungen als Stimulans für die Milchproduktion, und das Nachlassen oder der Verlust solcher stimulierenden Reize leitet den umgekehrten Prozeß ein.

Literaturhinweis

Wickler, Wolfgang: *Sind wir Sünder? Naturgesetze der Ehe,* München/Zürich 1972. – Grundlagen der Sexualität, Umfunktionierung sexuellen Verhaltens, Paarbildung, Paarbindung, Brutpflege.

Brutpflegeverhalten

Wenn Meeresschildkröten viele hundert Kilometer schwimmen, um an den Strand zurückzukehren, an dem sie einst aus dem Ei geschlüpft sind, dort mit den Hinterfüßen eine Grube in den warmen Sand graben, ihre Eier hineinlegen und sie dann ihrem Schicksal überlassen, dann betreiben sie damit zwar Brutfürsorge, aber noch keine Brutpflege. Das gleiche gilt für Libellen, Mücken oder Schmetterlinge, für viele Fische und einige Vögel; sie wählen sorgfältig geeignete Plätze für die Ablage ihrer Eier aus, warten aber nicht ab, bis ihre Jungen ausschlüpfen, und tragen nichts zu ihrer Ernährung, ihrem Schutz oder ihrer Pflege bei.

Das australische Talegalla-Huhn gehört zu den wenigen Vögeln, die ihre Eier nicht selbst ausbrüten und ihre Jungen nicht betreuen. Statt dessen errichtet es – genauer: der Talegalla-Hahn – aus frischem Laub einen Berg von ungefähr einem Meter Höhe und fünf Metern Breite, der durch den rasch einsetzenden Gärungsprozeß zum Brutofen wird. Die Henne legt ihre Eier in den Laubhaufen, beachtet aber die nach neun bis zehn Wochen ausschlüpfenden Küken überhaupt nicht. Als Nestflüchter sind sie vom ersten Lebenstag an imstande, für sich selbst zu sorgen: Die – etwa wachtelgroßen – Küken, die schon wenige Stunden nach dem Schlüpfen umherrennen können, flattern in den Urwald und finden dort die geeignete Nahrung. Sie fliegen bereits so gut, daß sie gleich die erste Nacht auf einem Schlafbaum verbringen.

Das Mistkäfermännchen, auch Pillendreher, formt eine Dungkugel, die es oft meterweit wegrollt, mühsam über Hindernisse stemmt, um sie schließlich zu vergraben.

Typisch für die meisten Tiere, die ihren Nachwuchs lediglich in geeignetem Milieu aussetzen, ist die große Zahl ihrer Eier. Auch wenn nur ein kleiner Bruchteil der alleingelassenen Brut das fortpflanzungsfähige Alter erreicht, genügt diese Methode zur Erhaltung der Art. Je weniger Nachkommen ein Tier hervorbringt, desto länger und intensiver kümmert es sich im allgemeinen um sie, so daß auch auf diesem Wege das Ziel der Arterhaltung erreicht wird.

Ähnlich wie die Grabwespe, deren Brutpflegeverhalten wir bereits kennengelernt haben, legen auch andere Wespenarten ihre Eier in lebende Tiere wie Raupen, Spinnen, Heuschrecken oder Schaben. Sie lähmen ihr Opfer durch einen Stich und schleppen es in ihre Brutkammern, wo es den sich entwickelnden Wespenlarven als Frischfleischvorrat dient. Mörtelbienen, Blattroller, Rebenschneider oder Pillendreher legen Nester für ihren Nachwuchs an, die sie mit Honig, Blättern, Knospen oder Mist füllen, so daß ihre dem Ei entschlüpfenden Kinder gleich die der jeweiligen Art entsprechende Nahrung vorfinden. Einen Schritt weiter geht der Totengräberkäfer, der aus Tierka-

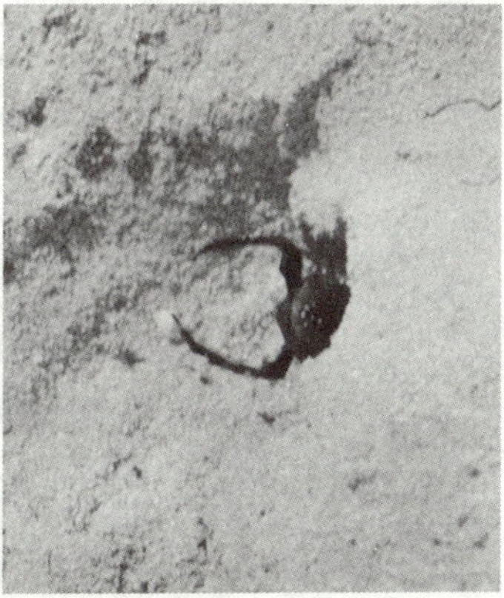

davern einen Nahrungsvorrat für seine Nachkommen anlegt. Totengräberkäfer wühlen in stundenlanger Arbeit tote Tiere unter die Erde und formen sie zu einer Aaskugel, in deren unmittelbarer Nähe das Käferweibchen seine Brutkammer anlegt. Sobald die Jungen geschlüpft sind, lockt die Mutter sie zu einem eigens in die Aaskugel gegrabenen Krater, in dem ein von ihr abgesonderter Verdauungssaft das Aas zersetzt und für die Käferkinder genießbar macht. Allerdings sind die Freßwerkzeuge der jungen Larven noch so weich,

Nach dem Eingraben gestikuliert das Männchen mit den Hinterbeinen aus dem Sand heraus, um ein Weibchen zur Paarung und Eiablage herbeizulocken.

> **!** Von der »Sorglosigkeit« der Seeigel, die ihre Eier und Samenzellen zu Hunderttausenden dem Wasser anvertrauen in der Hoffnung, daß wenigstens einige davon befruchtet werden und sich zu fortpflanzungsfähigen Seeigeln entwikkeln, bis zur jahrelangen Fürsorge einer Menschen- oder Schimpansenmutter für ihr Kind spannt sich der Bogen mehr oder weniger intensiver Brutpflege. Auch Tiere, die ihre Kinder niemals »persönlich« kennenlernen, leisten oft Erstaunliches an Brutfürsorge.

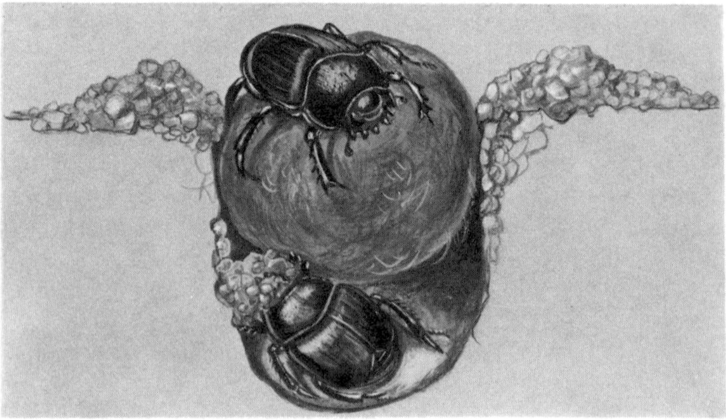

Auch mit dem Weibchen zusammen vergraben einige Mistkäfer die Dungkugel. Während das Weibchen die Kugel bewacht, gräbt das Männchen darunter die Erdhöhle bis zu dreißig Zentimeter tief aus. Sodann funktioniert sie die Kotpille zur Brutbirne um und legt das Ei hinein. Ist die Larve geschlüpft, frißt sie den Vorrat auf und verpuppt sich.

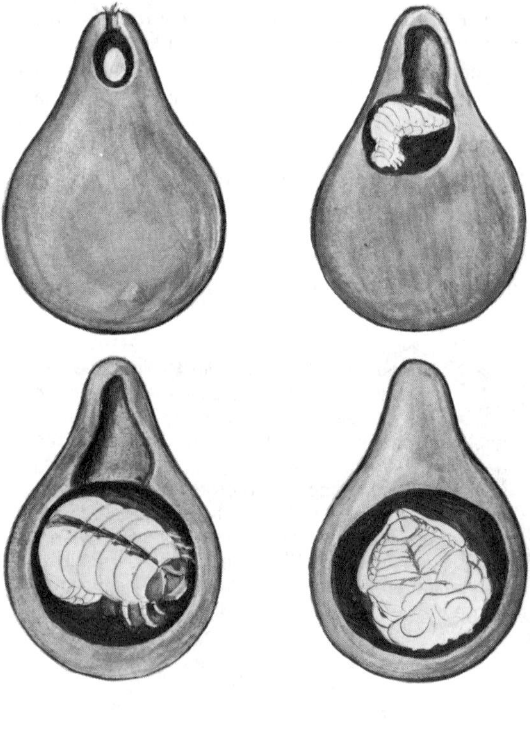

daß sie in den ersten Tagen von der Mutter mit vorverdauten Futtertropfen ernährt werden. Offenbar verabreicht die Mutter den Larven mit dem Futter zugleich auch Hormone, die für ihre weitere Entwicklung entscheidend sind – denn Larven, die sich allein von der Aaskugel ernähren, wachsen zwar heran und verpuppen sich sogar, doch aus diesen Puppen schlüpfen später keine Käfer.

Brutfürsorge und Umwelt

In welchem Ausmaß Verhaltensweisen der Brutfürsorge auch Anpassungen an die jeweilige Umwelt darstellen, wird deutlich, wenn man die höchst unterschiedlichen Lösungen betrachtet, die eng verwandte Tiere für dasselbe Problem entwickelt haben. Frösche und Kröten, die als »Froschlurche« bezeichnet in etwa 2600 Arten die ganze Erde mit Ausnahme der Wüsten- und Polargebiete bewohnen, sind, auch wenn sie auf dem Land oder gar auf Bäumen leben, zumindest vorübergehend aufs Wasser angewiesen, um ihren Larven, den Kaulquappen, angemessene Entwicklungsmöglichkeiten zu bieten. Da nun die Gewässer, in denen sie ihre Eier ablegen müßten, meist von Tieren wimmeln, die sich von eben diesen Eiern bzw. den später ausschlüpfenden Kaulquappen ernähren, haben eine ganze Reihe von Froschlurchen die raffiniertesten Methoden der vorbeugenden Abwehr entwickelt.

Die mitteleuropäische Geburtshelferkröte sondert ihren Laich in Form von Schnüren ab, die sich das Männchen um die Beine wickelt und mit sich herumträgt, bis die Larven in den Eihüllen zu zappeln beginnen. Dann erst sucht es einen Teich auf, in dem sie schlüpfen und sich weiterentwickeln können. Der südamerikanische Kolbenfuß schützt seinen Laich, indem er am Rand eines

Tümpels Ringwälle aus Schlamm zu Brutbassins aufwirft. Raubfische finden so keinen Zugang zu den Eiern, und die später schlüpfenden Larven werden vom steigenden Wasser des Tümpels befreit.

Der afrikanische »Graue Baumfrosch« legt, wie andere Baumfrösche auch, seine Eier in Schaumnester oberhalb eines Gewässers, so daß die Larven nach dem Schlüpfen in den Tümpel fallen. Und da das Schaumnest unter der tropischen Sonne bald trocken und hart und damit für die Larven undurchdringlich werden würde, hält die Froschmutter es mit Armen und Beinen umklammert und benetzt es von Zeit zu Zeit. Der javanische Flugfrosch stellt ebenfalls Schaumnester

Der afrikanische Graue Baumfrosch legt seine Eier nicht im Wasser ab, sondern umhüllt sie mit einer Schaummasse.

In Form von Schnüren sondert die Geburtshelferkröte ihren Laich ab, den das Männchen sich um die Beine wickelt, bis die Larven sich zu regen beginnen.

her, die er mit Blättchen beklebt und dadurch vor Austrocknung schützt. Im Inneren dieser Nester verflüssigt sich ein Teil des Schaums, so daß die Larven zunächst wie in einem kleinen Aquarium leben, aus dem sie der nächste stärkere Tropenregen befreit.

Beim chilenischen Nasenfrosch bewachen die Männchen die an Land abgelegten Eier, bis die Larven in ihren Eihüllen lebendig werden; dann sammeln sie die Brut ein und tragen sie in ihrem reich durchbluteten Kehlsack mit sich herum. Die Beutelfrösche und die südamerikanischen Wabenkröten tragen ihre Brut nicht im Kehlsack, sondern in entsprechenden Bruttaschen oder Wucherungen der Rückenhaut. Der mittelamerikanische Baumsteiger schließlich bewacht die auf einem Blatt außerhalb eines Tümpels abgelegten Eier so lange, bis die Larven geschlüpft sind. Dann setzt er sich neben sie, wartet, bis sie auf seinen Rücken geklettert sind und sich dort festgesaugt haben, und trägt sie dann zum nächsten Gewässer. Unterwegs ernähren sich die Larven von dem Dottervorrat, der ihnen im Ei mitgegeben worden ist.

Bei den maulbrütenden Fischarten sind es teils die Weibchen, teils die Männchen, die die Eier bis zum Schlüpfen der Jungen im Maul aufbewahren.

Auch Skorpione tragen ihre Jungen auf dem Rücken, und manche Spinnen nehmen ihre Eier, in einen Seidenkokon eingesponnen, so lange überall mit hin, bis ihre Jungen schlüpfen und auf ihren Rücken klettern. Verschiedene Krebse kleben sich ihre Brut ans Bein, um sie ständig bewachen zu können, und Seepferdchen tragen sie wie die Känguruhs im Beutel mit sich herum.

Unter den Fischen gibt es sogenannte Maulbrüter, die ihre Eier unmittelbar nach der Befruchtung einsammeln und im Maul tragen, bis die Jungen geschlüpft sind oder sogar einige Tage darüber hinaus. Eidechsen und Schlangen schützen ihre Brut, indem sie ihre Eier, die keine Verbindung zum mütterlichen Körper haben, so lange in

Skorpione bringen ihre Jungen lebend zur Welt. Eine spezielle Form von Brutfürsorge leistet die Mutter, die den Nachwuchs längere Zeit auf dem Rücken herumträgt.

sich tragen, bis das Junge darin vollständig entwickelt ist. Der Feuersalamander schließlich läßt seine Nachkommen, die eigentlich im Herbst geboren werden könnten, in seinem Körper überwintern, damit sie im kommenden Frühjahr bessere Startbedingungen vorfinden. Sobald er seine Eier dann ins warme Wasser legt, schlüpfen die fertigen Larven.

Vater-, Mutter- und Elternfamilien

Am höchsten entwickelt ist die Brutpflege bei Vögeln und Säugetieren. Hier werden die Kinder so gut wie nie gleich nach der Geburt ins Leben entlassen, sondern als Mitglieder einer kleineren oder größeren Familie so lange betreut, bis sie geschlechtsreif werden. Je nachdem, wer sich um den Nachwuchs kümmert, sprechen wir von Vater-, Mutter- oder Elternfamilien.

Vaterfamilien kommen überwiegend bei sogenannten Nestflüchtern vor, bei Hühnern, Gänsen oder Enten. Bei allen südamerikanischen Steißhühnern bereiten die Männchen, sobald sie in

Schwäne führen vorbildliche Ehen und bleiben einander ein Leben lang treu. Mit ihren Jungen bilden sie eine Elternfamilie.

Brutstimmung kommen, ein eigenes Nest vor, rufen dann ein Weibchen herbei und lassen sich von ihm ein paar Eier ins Nest legen. Sie brüten allein und scharen später ihre Küken um sich, wie es sonst die Glucken tun. Mutterfamilien gibt es bei vielen Säugetieren, z. B. bei Eichhörnchen, Maulwürfen, Rehen oder Katzen, und bei den meisten maulbrütenden Buntbarschen Afrikas. In Elternfamilien wachsen die meisten Menschen, junge Füchse, Mantelpaviane und die in Asien verbreiteten Gibbons auf, und für die überwiegende Zahl der ungefähr 8600 bekannten Vogelarten ist diese Familienform ebenfalls typisch.

Die Aufgabe, ein Nest mit Eiern sowohl vor Feinden zu schützen als auch ständig warm zu halten, ist für einen einzelnen Vogel übermäßig schwer. Deswegen führen die meisten Vögel zumindest Saisonehen, und einige Arten wie Graugänse, Schwäne, Sperlinge oder Gimpel bleiben sogar ihr Leben lang zusammen. Sie bauen gemeinsam ihr Nest und lösen sich beim Brüten ab, oder sie teilen sich in ihre Pflichten, so daß der

Nesthocker und Nestflüchter

Als Nesthocker werden jene Jungtiere bezeichnet, die nach der Geburt nackt und hilflos auf die elterliche Brutpflege angewiesen sind.

Es lassen sich verschiedene Entwicklungsstufen unterscheiden.

So sind die unausgereiften Jungen der Sperlinge, Spechte, Enten und Papageien völlig nackt, haben Augen und Ohren geschlossen und verfügen über eine sehr mangelhafte Wärmeregulation. Die meisten Raubvögel, Störche und Reiher besitzen dagegen Flaumfedern und haben Augen und Ohren offen.

Zu den Nesthockern unter den Säugetieren zählen die Nager, Insektenfresser und Raubtiere – kurze Tragzeit, großer Wurf, nackt, Bewegungs- und Wärmeregulierung noch nicht ausgereift.

Die Nestflüchter hingegen sind jene Jungtiere, die gleich nach dem Ausschlüpfen bzw. der Geburt so weit entwickelt und selbständig sind, daß sie das Nest verlassen können.

Bei den ausgeprägtesten Vertretern, den Reptilien, ist weder Brüten noch Brutpflege notwendig – die Jungtiere sind voll ausgereift.

Hühner, Enten und Kraniche benötigen zwar eine lange Brutzeit, bedürfen dann aber nur relativ geringer Brutpflege zur Ausbildung des Gehirns, der Sinnes- und Bewegungsorgane sowie der Wärmeregulation.

Die höheren Säugetiere – lange Tragzeit, kleiner Wurf –, zu denen u.a. die Pferde, Rehe, Wale, Affen gerechnet werden, bringen völlig ausgereifte Junge zur Welt, die eine sehr enge Beziehung zur Mutter haben und mütterliche Pflege brauchen, wie wir das auch vom Säugling kennen.

> **!** Die enge Bindung zwischen Mutter und Kind ist die Grundlage aller späteren sozialen Bindungen, und von daher kann der Wert einer ungestörten frühen Kindheit bei Mensch und Tier gar nicht hoch genug eingeschätzt werden.

eine das Nest baut und der andere brütet, und wer gerade nichts zu tun hat, versorgt den auf den Eiern sitzenden Partner und später auch die Kinder mit der nötigen Nahrung.

Besonders schutz- und pflegebedürftig sind die nackt und blind zur Welt kommenden Nesthocker wie zum Beispiel unsere Singvögel. Vater und Mutter bewältigen hier die Aufzucht gemeinsam. Allein die Fütterung der ständig hungrigen Brut erfordert einen gewaltigen Energieaufwand. Dazu kommt die Körperpflege: Schnäbel und Gaumen müssen sorgfältig von Futterresten gesäubert und die Exkremente aus dem Nest entfernt werden. Nachts und bei schlechtem Wetter sind die Vogeljungen auf die Körperwärme ihrer Eltern angewiesen, und wenn sie endlich einigermaßen flügge sind, wachsen den Alten neue Aufgaben zu als Lehrer ihrer Kinder, denn vom Fliegen über das Futtersuchen bis zum Singen muß alles erst vorgemacht und geübt werden, ehe ein Junges sich selbständig in der Welt zurechtfindet.

Aufgaben der Singvögel-Eltern

Das alles gilt entsprechend auch für die Kinder von Säugetieren – nur daß hier zunächst die Mutter als Ernährerin und Beschützerin ihres Babys wesentlich stärker in Anspruch genommen wird als der Vater.

Schon das Ungeborene gewöhnt sich an den Herzschlag, den Gang und die Stimme seiner Mutter, und das allen Säugetieren angeborene Bestreben, sich bei der Mutter anzuklammern, an ihr zu saugen und bei ihr Schutz zu suchen, bildet das Muster für Verhaltensweisen, die weit ins gesamte

Typisch für Säugetierkinder ist der Klammerreflex, mit dem sie sich ins Fell der Mutter krallen und überallhin mitnehmen lassen.

soziale Leben hineinwirken, auch wenn die ursprüngliche Schutzbedürftigkeit der frühen Kindheit längst nachgelassen hat.

Typisch für viele Säugetierkinder ist der Klammerreflex, mit dem sie sich ins Fell der Mutter krallen und sich, an ihr hängend oder auf ihr reitend, überallhin von ihr mitnehmen lassen, ohne sie dadurch allzusehr zu behindern. Auch Menschenkinder werden mit diesem Klammerreflex geboren, obgleich dem Menschen die dichte Körperbehaarung seiner nächsten Verwandten längst verloren gegangen ist.

Fällt ein Kind trotzdem einmal zu Boden oder wird es von seiner Mutter abgelegt und womöglich vergessen, so schreit es markerschütternd, als ob es sich in höchster Lebensgefahr befände –

Da Babies der Klammerreflex angeboren ist, können sich die zwei aus eigener Kraft an der Wäscheleine halten.

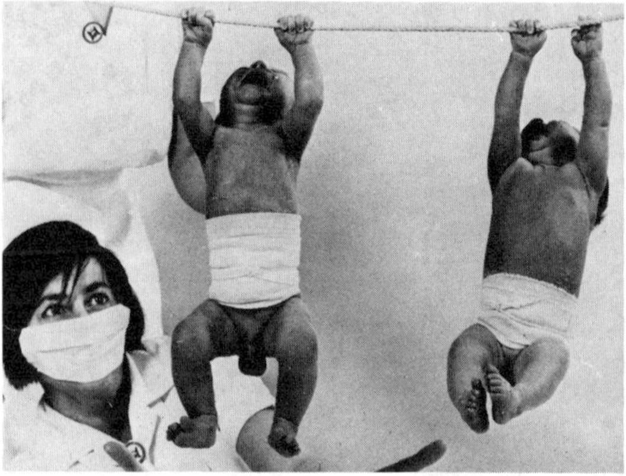

und es wäre ja tatsächlich verloren, wenn seine Mutter es nicht aufhöbe und mitnähme. Auch der menschliche Säugling schreit in dieser alarmierenden Art, wenn er sich allein gelassen fühlt, und wer Erziehung nicht als Maßnahme zum Schutz der Eltern vor ihren Kindern versteht, wird es kaum übers Herz bringen, dem Hilfeschrei des Kindes nicht nachzugeben.

Mit der Zeit läßt das Kontaktbedürfnis des Kindes von selber nach und macht einem oft geradezu tollkühn anmutenden Expansionsdrang Platz. Kinder im Krabbelalter würden ins brennende Feuer greifen, wenn keiner sie daran hinderte – doch im Gegensatz zu Säuglingen sind sie jetzt schon erziehbar, das heißt imstande, auf Warnungen zu achten, aus schlechten Erfahrungen zu lernen und auf Lob und Belohnung positiv zu reagieren.

Die »Narrenfreiheit« der Kinder

Die Kommunikation zwischen Mutter und Kind – und darüber hinausgehend zwischen Kind und erweiterter Familie oder Gruppe – basiert auf Schlüsselreizen und angeborenen Auslösemechanismen, die jeweils für eine begrenzte Zeit ihre Gültigkeit haben. Solange ein Menschenkind nicht sprechen kann, reagieren Eltern und Geschwister auf sein Geschrei mit besorgter Anteilnahme, suchen zu ergründen, ob es hungrig ist, Schmerzen hat oder einfach nur Gesellschaft braucht, und bemühen sich, seine Bedürfnisse umgehend zu befriedigen. Kann es aber sprechen, dann wird sein Geschrei nur noch für den Fall akzeptiert, daß es sich wehgetan hat. Schreit es aus Hunger oder Wut, wird das nicht mehr ohne weiteres hingenommen – denn es könnte ja um Essen bitten oder sagen, worüber es sich ärgert. Ein Kind, das laufen kann, wird normalerweise nicht mehr getragen – und wenn es in einem Alter, in dem es eigentlich laufen sollte, immer noch krabbelt oder versucht, sich tragen zu lassen, dann löst es damit nicht mehr Anteilnahme, sondern Unwillen aus.

Paviankinder

Bei vielen Primaten genießen die Kinder eine Art Narrenfreiheit in der ansonsten hierarchisch streng gegliederten Gruppe. Sie brauchen sich um keine Anstandsregel zu kümmern, dürfen ungestraft selbst dem von allen respektierten »Boß« vor die Füße stolpern und ihrem Vater das Essen aus dem Mund stehlen. Solange Paviane ihr schwarzes Kinderfell tragen, sind sie bei jedermann beliebt und werden sogar von jungen, erwachsenen Männchen adoptiert, die dadurch in der sozialen Rangordnung aufsteigen. Wir haben bereits von der Signalwirkung des »Kindchenschemas« gehört, und sicher spielt bei manchen Erscheinungsformen ausgeprägter Kinderfreundlichkeit ein wenig bewußte oder unbewußte Berechnung mit.

Bei japanischen Makaken konnte nachgewiesen werden, daß die noch rang- und namenlosen Männchen, die sich normalerweise einem rangho-

Brutfürsorge betreiben wohl alle Tiere – und sei es nur, daß sie ihre Eier in geeigneter Umgebung ablegen. Je weniger Nachkommen ein Tier hervorbringt, desto mehr kümmert es sich um sie – bis hin zu der intensiven und lang andauernden Brutpflege, die Säugetiere ihren Einzelkindern angedeihen lassen. Oben links: Mantelpavian mit Kind und indische Elefantenkuh mit Jungem; links: Flußpferd mit Baby; rechts oben: Zebu-Kuh mit Kälbchen; rechts: Manche Pinguine tragen ihr Junges auf den Füßen.

Brutpflege

»Soziale Hautpflege« betreiben diese beiden Affen. Dazu gehört nicht nur das Lausen, sondern auch Fellkraulen, was allgemein ein freundschaftliches Klima schafft.

hen Tier gar nicht nähern dürfen, anstandslos in den inneren Kreis der Bevorzugten aufgenommen wurden, wenn sie ein kleines Kind bei sich trugen. Der auffallende Hang namhafter Politiker oder kirchlicher Würdenträger, in der Öffentlichkeit Kinderköpfe zu tätscheln oder Babies zu küssen, hängt wohl ebenfalls mit dem Wunsch zusammen, die dem Kind wohl allemal zuströmende Sympathie auch auf die eigene Person zu lenken, um dadurch bestimmte Ziele zu erreichen.

Zum Brutpflegeverhalten bei Säugetieren gehören neben Füttern, Haar- und Hautpflege und Schutz vor Angriffen (seien sie nun feindlicher oder allzu aufdringlich freundschaftlicher Natur) auch Trainingsmaßnahmen, die über die alltägliche Erziehung hinausgehen. Eberhard Trumler, der in der Haustierkundlichen Forschungsstelle Grubmühle vor allem das Verhalten von Hunden untersucht hat, berichtet in seinem Buch »Mit dem Hund auf du«, wie Dingos, australische

Wildhunde, ihren Nachwuchs auf die harte und gefährliche Auseinandersetzung mit der Welt außerhalb der Kinderstube vorbereiten.

Wehe dem Schwachen!

Nach drei Wochen in der Geborgenheit des Lagers werden die Welpen von ihrem Vater zum erstenmal mitgenommen in die »große Welt« vor der Haustür. Der Rüde hüpft, schreibt Eberhard Trumler, »mit freudigster Spielstimmung von Welpe zu Welpe, er packt jeden am Kragen und wirft ihn wie einen Ball umher, bis er gellend schreit und sich auf den Rücken wirft. Läßt der Alte daraufhin von ihm ab, krabbelt der Welpe eilends der Hütte zu – dort ist er vor den derben Spielmethoden des Vaters sicher. Bald sind alle Welpen nach diesem ersten Ausgang wieder im Lager vereint. Wehe aber dem Welpen, der in dieser Stunde Zeichen von Lebensschwäche erkennen läßt; sei es, daß er die angeborenen Verhaltensweisen der Unterwerfung nur unausgereift oder gar nicht besitzt, sei es, daß er nicht klug genug ist, nicht kräftig genug, dem Spieltrieb des Vaters zu entkommen und sich in die Hütte zurückzuziehen – er ist verloren! Der Vater spielt so lange mit ihm, bis den Kleinen die letzten Kräfte verlassen. Er wird von der Mutter nicht geholt: Ein Welpe, der nicht zum Saugen zurückkommt, wird von ihr nicht mehr anerkannt. Für manchen Welpen ist der 21. Lebenstag der letzte seines Lebens. So tritt an diesem entscheidenden Lebenstag eine Auslese ein, die sicher einen ganz wesentlichen Einfluß auf die Gesunderhaltung des Erbgutes der Art hat.«

Derbe Spielmethoden

Diese Schilderung erinnert auffallend an Mutproben, denen bei archaischen Völkern zumindest die männlichen Kinder während der »Reifefeiern« (Initiationen) unterzogen wurden. Die

Tatauierungen, Beschneidung oder das Abfeilen bzw. Herausschlagen einzelner Zähne gehören zu den Mutproben bei den Reifefeiern männlicher Kinder bei archaischen Völkern.

Härte solcher Auslese, die unter Umständen auch bereits unmittelbar nach der Geburt getroffen wurde, läßt sich wohl nur damit erklären, daß dem hier »versagenden« Kind wichtige Merkmale eines angeborenen Schemas fehlen. Die Abweichung vom altersgemäßen Aussehen oder Verhalten führt, wie schon oben angedeutet, zur Verweigerung der sonst automatisch einsetzenden Rücksichtnahme. Wo aber Hilflosigkeit nicht »rührend« wirkt, löst sie wie jede andere Abartigkeit Kontaktscheu oder Aggression aus.

Rituale der Gruppenbindung

»Hast du Durst?« fragte mich kürzlich meine kleine Tochter, die demnächst drei Jahre alt wird. Ich war ganz gerührt über soviel unerwartete Anteilnahme und sagte ihr das auch, verbunden mit der Versicherung, daß ich im Augenblick überhaupt keinen Durst hätte. Sie sah mich erwartungsvoll an, als ob noch etwas kommen müßte, und als ich schwieg, sagte sie: »Frag mich mal, ob ich Durst habe!«

Natürlich kann ein Kind seinen Wunsch nach einem Glas Saft wesentlich direkter zum Ausdruck bringen, und das tut es ja im allgemeinen auch. Trotzdem ist bei uns inzwischen aus dem ersten spontanen Dialog schon fast ein Ritual geworden, ein Beschwichtigungsritual – denn Corinna wählt diese Art, um etwas zu trinken zu bitten, vor allem dann, wenn die Beschaffung des Getränks mit Umständen verbunden ist. Sie hat offenbar genau erfaßt, daß ich auf eine so fürsorgliche Frage wie »Hast du Durst?« auf jeden Fall freundlich und fürsorglich reagieren muß, und womöglich trägt ja auch die Überlegung, ob ich nun Durst habe, dazu bei, mir klar zu machen, was für ein schrecklicher Zustand es ist, wenn man trinken möchte und die Saftflasche nicht allein aus dem Keller holen oder öffnen kann.

Beschwichtigungsritual

Ich glaube nicht, daß ein dreijähriges Kind schon imstande ist, die Wirkung einer solchen Frage zu berechnen. Aber es versteht womöglich mehr als ein erwachsener Mensch von Gefühlen, Stimmungen und dem erstaunlichen Phänomen

Der Kuß zwischen Liebenden, in manchen außereuropäischen Kulturen unbekannt, ist vielleicht eine ritualisierte ursprüngliche Fütterungsgeste.

der Stimmungsübertragung. Die Frage »Hast du Durst?« als Überleitung zu der Aufforderung »Frag mich mal, ob ich Durst habe!« wirkt auf uns erheiternd, weil sie so naiv und treffend auf Zusammenhänge hinweist, die wir als Erwachsene tunlichst verschweigen. Wie viele Menschen bieten ihrem Gast etwas zu rauchen an, weil ihnen selbst nach einer Zigarette zumute ist! Und wenn ein Reisender im Eisenbahnabteil seinen Proviant auspackt oder eine Sekretärin im Büro eine Tafel Schokolade, dann ist es ziemlich wahrscheinlich, daß sie ihren zufällig anwesenden Mitmenschen etwas davon anbieten – aus Höflichkeit, wie sie selber vielleicht meinen, aus der Sicht des Verhaltensforschers aber eher, weil sie damit eventuell aufkeimende Mißgunst beschwichtigen und eine verbindliche Atmosphäre herstellen möchten. Gelernt haben sie solches Verhalten schon als kleine Kinder, denn eine der zuverlässigsten Methoden, eine Verbindung zwischen Menschen zu knüpfen oder aufrechtzuerhalten, ist gemeinsames Essen und Trinken.

Daß dies nicht nur für Menschen gilt, haben wir am Beispiel des Kolkraben Goliath gesehen, der versuchte, mit Fleischbrocken das Herz der Räbin Davida zu gewinnen. Auch Meisen, Papageien und viele andere Singvögel füttern ihre Brutpartner – eine Geste der zärtlichen Beschwichtigung, die auch ritualisiert als »Schnäbeln« vorkommt. Bei Säugetieren haben sich aus der Mund-zu-Mund-Fütterung verschiedene Begrüßungsgesten entwickelt. Viele hundeartige Raubtiere wie Wölfe oder Schakale füttern ihre Jungen entweder direkt von Mund zu Mund oder indem sie ihnen vorgekautes Futter vorwürgen.

Während sich bei Schakalen und Hyänenhunden auch Erwachsene in dieser Art gegenseitig mit Nahrung versorgen, ist bei Wölfen und Haushunden zwischen erwachsenen Tieren nur noch ein ri-

Pinguinkinder werden von den Eltern mit wieder ausgewürgter Nahrung gefüttert. Ähnlich erfolgt die Ernährung der Jungen bei vielen hundeartigen Raubtieren.

tualisiertes Futterbetteln übriggeblieben: Um einen aggressiven Artgenossen zu beschwichtigen, stoßen sie mit der Schnauze gegen seinen Mundwinkel und lecken ihn. Seelöwen begrüßen sich mit Schnauzenreiben, Spitzhörnchen belecken die Lippen des Weibchens, um das sie werben, und Babuine (gelbe Paviane) grüßen einander mit Schmatzen, das aus den Saugbewegungen des Affenkindes abzuleiten ist und auch als Bestandteil des Paarungsvorspiels auftritt. Das gleiche gilt für den Kuß, der bei Menschenaffen und Menschen als ritualisierte Fütterungsgeste sowohl zur Begrüßung als auch im Paarungsvorspiel weit verbreitet ist.

Gesten der Beschwichtigung

Ähnlich bedeutsam als Begrüßungs- und Beschwichtigungsgesten sind Verhaltensweisen, die aus dem Bereich der Haut- oder Haarpflege stammen. Viele Säugetiere und Vögel putzen einander genau in der Art, wie Mütter ihre Kinder säubern. Sie lecken den Partner ab, kämmen sein Fell oder Gefieder, kraulen ihn oder knabbern an Haaren und Federn. Der Kormoran knabbert am Nackengefieder seines Weibchens, wenn er es beim Brüten ablösen will. Schimpansen »lausen« einander, wenn sie gesellig zusammensitzen, und der Mongoz-Maki begrüßt seine Artgenossen, indem er mit dem Unterkiefer die Bewegung des Fellkämmens in die Luft macht und dabei ins Leere leckt.

»Putz-aktivitäten«

Übrigens häufen sich die aus Brutpflegehandlungen abgeleiteten »Putz-Aktivitäten« in auffallender Weise, wenn Junge geboren werden.

»Meine drei Pinselaffen«, schreibt Irenäus Eibl-Eibesfeldt, »putzten sich gegenseitig dreimal so oft wie vorher, als ein Weibchen Junge geboren hatte ... Offensichtlich waren die Äffchen brutpflegeorientiert, denn sie bemühten sich auch, an die Neugeborenen zu gelangen, was ihnen der Vater jedoch verwehrte.«

Soziale Körperpflege

Bei Menschen ist diese Art von sozialer Körperpflege zwar nicht so stark verallgemeinert worden wie bei Affen, doch sie findet sich durchaus in Bereichen, die über »Brutpflege« in engerem Sinne hinausgehen. So streichen Erwachsene auch fremden Kindern, die ihnen bei Freunden oder bei offiziellen Anlässen wie Einweihungen von Schulen, Eröffnungen von Ausstellungen oder Wahlversammlungen vorgestellt werden, demonstrativ freundlich über den Kopf, als wollten sie ihr ohnehin sorgfältig gekämmtes Haar glätten, und im Verhaltensrepertoire von Verliebten spielt zärtliches Streicheln, Durchs-Haar-Fahren, Bartkraulen oder Tränentrocknen eine beinahe so bedeutende Rolle wie im Verhalten zwischen Mutter und Kind.

So wie betreuende Handlungen aus der Mutter-Kind-Beziehung in einen größeren und allgemeineren sozialen Zusammenhang übernommen worden sind, so lassen sich auch ursprünglich sexuell getönte Verhaltensmuster als Bestandteile sozialer Umgangsformen wiederfinden.

Der afrikanische Buntbarsch Tropheus moorei lebt in kleinen, aus Männchen und Weibchen bestehenden Gruppen, deren Mitglieder sich individuell kennen und gegen Gruppenfremde höchst aggressiv vorgehen. Auch innerhalb der Gruppe verhält sich dieser Fisch recht aggressiv. Wolfgang Wickler, Schüler und Nachfolger von Konrad Lorenz in der Leitung der ethologischen Abteilung des Max-Planck-Instituts für Verhaltensphysiologie in Seewiesen, hat beobachtet, »daß Angriffe verschiedenster Intensität auch auf Gruppenmitglieder sogar sehr häufig sind. Sie werden aber vom Bedrohten fast immer abgefangen, und zwar dadurch, daß er dem Angreifer seine Breitseite in einer ganz bestimmten Weise darbietet. Dabei leuchtet die gelbe Leibbinde auf

Angriffe auf Gruppenmitglieder

> **!** Soziales Verhalten beginnt, wo der Egoismus des einzelnen an Grenzen stößt. Der Trieb zu sozialem Verhalten ist dem Menschen zwar angeboren, seine Ausprägung wird jedoch durch gesellschaftliche Normen bestimmt.

(der Farbwechsel geht in Sekundenschnelle vor sich), und das wirkt beißhemmend.«

Nun ist aber, wie man aus der Untersuchung von Tropheus und verwandten Buntbarscharten weiß, das Präsentieren einer solchen »Leibbinde« eine typische Balzbewegung und außerdem noch die Ablaichbewegung sowohl bei Männchen wie bei Weibchen. Ein aus dem Sexualbereich entlehntes Verhalten ist also bei dieser Fischart sozusagen verallgemeinert worden und dient nun dazu, Angriffs- und Fluchttendenzen innerhalb der Gruppe zu neutralisieren und damit den Gruppenzusammenhalt zu gewährleisten.

Präsentation der Kehrseite

Etwas Vergleichbares findet sich bei Mantelpavianen, deren – bei Männchen wie bei Weibchen – auffällig rot gefärbtes Hinterteil zur Beschwichtigung gruppeninterner Aggression eingesetzt wird. Abzuleiten ist dieses Farbsignal von der Brunstschwellung, die auch bei anderen Affenweibchen häufig auftritt und den männlichen Gruppenmitgliedern anzeigt, daß das betreffende Weibchen paarungsbereit ist. Unterstrichen wird dies Signal durch eine zum Sexualakt auffordernde Präsentation der Kehrseite. Tatsächlich kommt es bei Mantelpavianen vor, daß ein ranghohes Männchen dem sich unterwürfig präsentierenden rangniederen Männchen »aufreitet«, ein Verhalten, das zwar sexuell aussieht, aber sozial gemeint ist.

Gesten der Begrüßung

Wir haben schon bei der Betrachtung paarbindender Verhaltensweisen wie der Balz oder der Nistgemeinschaft gesehen, daß es bei vielen verschiedenen Tierarten zum guten Ton gehört, kleine Geschenke zu überreichen und den Partner damit

Kinder und Blumen leisten unschätzbare Dienste, um Verbindlichkeiten – auch in der Familie – herzustellen.

friedlich zu stimmen. Doch bei keiner Spezies spielt das Schenken als Geste sozialer Beschwichtigung eine so fundamentale Rolle wie beim Menschen. Wir bringen Geschenke mit, und sei es nur ein kleiner Strauß oder eine einzelne Blume, wenn wir ein fremdes Revier betreten oder wenn wir uns bei jemandem entschuldigen wollen, und kein Politiker bricht zu einem Staatsbesuch auf, ohne ein sorgfältig ausgesuchtes Geschenk im Gepäck zu haben. Wie selbst ganz unüberlegte Geschenke in Krisensituationen die Lage entspannen können, wird aus dem Kriegserlebnis eines Mannes deutlich, das Irenäus Eibl-Eibesfeldt schildert:

Geschenke zur Entspannung

»Er hatte die Aufgabe, einen Wachtposten aus einem feindlichen Schützengraben zum Verhör gefangenzunehmen, eine Kriegshandlung, die er schon öfter mit Erfolg durchgeführt hatte. Als er in den Graben sprang und mit vorgehaltener Pistole seinen Gegner bedrohte, hielt ihm dieser in seinem Entsetzen spontan ein Stück Brot hin, das er gerade in der Hand hielt. Das stimmte meinen Bekannten so um, daß er seinen Auftrag nicht durchführen konnte. Er zog sich unverrichteter Dinge zurück und war auch später nicht mehr für solche Aufträge zu gebrauchen.«

Es würde zu weit führen, hier näher auf die unterschiedlichen Geschenk-Rituale einzugehen, die sich in verschiedenen menschlichen Gesellschaften herausgebildet haben. Immerhin sei noch erwähnt, daß gelegentlich Gruppen ihren internen Zusammenhalt dadurch stärken, daß sie eine gegnerische Gruppe durch überreiche Geschenke beschämen, ein Verhalten, das sowohl den Potlatch-Festen nordwestamerikanischer Indianer als auch den Môka-Zeremonien der Mbowamb im Hochland von Neuguinea zugrunde liegt.

Daß gemeinsames Triumphieren über einen Gegner zum gruppenbindenden Ritual werden kann, hat Oskar Heinroth als erster bei der Graugans beobachtet und genau beschrieben:

»Ein Gänsepaar mit Jungen oder ohne Junge kommt in die Nähe eines fremden Artgenossen, der Ganter rennt oder schwimmt mit vorgestrecktem Hals auf den fremden Vogel los, und dieser nimmt dann gewöhnlich Reißaus. Sofort kehrt sich der Angreifer um, eilt schleunigst zu seiner Gattin zurück, und nun stoßen beide ein lautes Triumphgeschrei aus: ein Schmettern, dem ein leises eigenartiges Schnattern – etwa durch ein nasales, fortlaufendes ›ganggangganggang‹ wiederzugeben – folgt. Die Tiere sehen dabei aus, als wollten sie jeden Augenblick übereinander herfallen und schreien sich ihre Rufe gewöhnlich direkt in die Ohren, immer den Hals dabei vorgestreckt und den Kopf nur wenig über den Erdboden haltend. In dieses Triumphgeschrei stimmen bereits die kleinen Dunenjungen mit ein, sie nehmen dabei schon ganz die Haltung der Alten ein.«

Geschenk-Rituale gehören zu fast allen menschlichen Gesellschaften. So auch beim Potlatch-Fest nordwest-amerikanischer Indianer.

In ähnlicher Weise läßt sich ein Grußritual des afrikanischen Juwelenfisches interpretieren. Er begrüßt sein Weibchen mit genau den gleichen Verhaltensweisen, mit denen er einen Rivalen bedroht – nämlich durch Heranschwimmen, Imponieren und Schwanzschlag –, nur daß er bei der echten Drohung neben dem Gegner anhält, an seinem Weibchen aber vorüberschwimmt. Die Drohung richtet sich in diesem Falle sozusagen an ihr vorbei gegen einen nicht vorhandenen Feind.

Keine Liebe ohne Aggression

Es gibt noch weitere Beispiele für solche am Partner vorbeigerichteten Drohungen oder Angriffe, und Konrad Lorenz schließt daraus, daß Liebe und Freundschaft zwischen Artgenossen aus der innerartlichen, der »intraspezifischen«, Aggression entstanden sei, die entwicklungsgeschichtlich um Millionen von Jahren älter ist als persönliche Freundschaft oder Liebe. »Es hat«, schreibt er in seinem Buch »Das sogenannte Böse«, »durch lange Epochen der Erdgeschichte Tiere gegeben, die ganz sicher außerordentlich böse und aggressiv waren. Fast alle Reptilien, die wir heute kennen, sind es und es ist nicht anzunehmen, daß die der Vorzeit es weniger waren. Ein persönliches Band aber kennen wir nur bei Knochenfischen, Vögeln und Säugern, bei Gruppen also, von denen keine vor dem späten Erdmittelalter auftauchte. Es gibt also sehr wohl intraspezifische Aggression ohne ihren Gegenspieler, die Liebe, aber es gibt umgekehrt keine Liebe ohne Aggression.«

Das Gefühl der Geborgenheit

Ohne die Wahrheit dieses Satzes anzuzweifeln, meldet der Lorenz-Schüler Eibl-Eibesfeldt dennoch Bedenken gegen die Auffassung an, die Liebe sei ein Kind der Aggression. Er hält es für wahrscheinlicher, daß sich die Fähigkeit zum verbindlichen Umgang mit Artgenossen aus der Brutpflege entwickelt habe. »Brutpflege beinhaltet Brutverteidigung«, schreibt er in seinem Buch »Liebe und Haß«, »und da die Gruppe als erweiterte Familie angesehen werden kann, ist die Gruppenverteidigung mit ihren starken Emotionen wohl aus der Brutverteidigung und Familienverteidigung abzuleiten. Gemeinsame Brutverteidigung bzw. Gruppenverteidigung bindet. Von den nicht brutpflegenden Tieren, wie etwa den Reptilien oder Amphibien, kennen wir keine Gruppenverteidigung und keine Kampfpartnerschaften.«

Irenäus Eibl-Eibesfeldt untersuchte die verschiedenen Formen der inner- und zwischenartlichen Kommunikation bei Mensch und Tier.

Schon bei Schwarmfischen finden wir das ausgeprägte Bedürfnis, in unmittelbarer Nähe möglichst vieler Artgenossen Zuflucht zu suchen. Mag für sie – mangels aggressiver Grundhaltung – auch das Wort von der Einigkeit, die stark macht, noch keine Geltung haben, ein Gefühl der Geborgenheit vermittelt sie ihnen ganz offensichtlich. Höhere Wirbeltiere flüchten zur Mutter, solange sie klein sind, später zu ranghohen Gruppenmitgliedern oder in höchster Not auch einfach zueinander. Junge Paviane umklammern sich gegenseitig, wenn sie in der Eile niemanden finden, der sie wirklich schützen kann, und an der Art der Umklammerung ist kaum noch abzulesen, wer von beiden der Schutzsuchende und wer der Beschützende ist. Ob zwei einander umarmen, sich an der Hand halten oder nur dicht beieinander stehen – sie demonstrieren damit eine gewisse Zugehörigkeit, beruhigen einander durch ihre Nähe, sie stärken, stützen und beschützen sich, und sei es nur dadurch, daß sie dem Gegner die Entscheidung erschweren, auf wen er sich zuerst stürzen soll.

Der Bindung über die Aggression, wie sie uns in der Brutverteidigung begegnet, steht also die Bindung über die Angst zur Seite, wobei Angst, wird sie erst einmal durch Bundesgenossen beschwichtigt, leicht wieder in Aggression umschlagen kann.

Insgesamt scheinen aber die gruppenbindenden Rituale doch überwiegend von den zärtlich-uneigennützigen Verhaltensweisen abgeleitet zu sein, die in der Liebe zwischen Mutter und Kind wurzeln und auf die Beziehung zwischen Freundes- oder Ehepaaren übertragen worden sind. Soziales Verhalten beginnt, wo der Egoismus des einzelnen an Grenzen stößt, die durch vererbte oder traditionell überlieferte Verhaltensnormen gebildet werden.

Die intime Distanz bleibt in der Regel nur wenigen guten Freunden und Verwandten vorbehalten. Zugehörigkeit und Schutz werden damit demonstriert.

Anpassung an den Lebensraum

Warum ein Fisch im Wasser schwimmt und ein Vogel fliegt, warum der Eisbär ein weißes Fell hat oder die Schildkröte einen Panzer – das sind Fragen, mit denen Kinder ihre Eltern geistig beweglich halten, bis sie einzusehen gelernt haben, daß das nun mal so ist, weil die Natur oder der liebe Gott das so eingerichtet haben. Die Anpassung eines Lebewesens an seine spezifische Umwelt ist uns als Ergebnis eines kaum überschaubaren evolutionären, d.h. sich allmählich entwickelnden Prozesses so selbstverständlich geworden, daß wir uns selten darauf einlassen, Fragen nach dem Ursprung und dem Nutzen solcher Anpassungen nachzugehen.

Enge Bindung an das Biotop

Die Mehrzahl aller Tiere ist nicht nur an ein bestimmtes Element – Wasser, Luft, Erde – gebunden, sondern darüber hinaus an ein fest umgrenztes Biotop, einen bestimmten Lebensraum also, der im Hinblick auf Bodenbeschaffenheit, Vegetation (Pflanzenwelt), Fauna (Tierwelt) und Klima genau die Bedingungen bietet, unter denen das jeweilige Tier gedeihen kann. Wenn man es aus seiner heimischen Umgebung entfernt, wird es – sofern man ihm die Wahl läßt – immer genau den Aufenthaltsort wählen, der seinem angestammten Lebensraum am ehesten entspricht.

Ein Forscher, der sich vor allem für den Temperatursinn der Tiere interessierte, hat das in einer »Temperaturorgel« getestet, einem Laufgang, in dem die einzelnen Bodenbereiche unterschiedlich stark erwärmt oder abgekühlt werden. In zahlreichen Untersuchungen wies K. Herter nach, daß sich Tiere aufgrund angeborener Verhaltensmechanismen für den Aufenthaltsraum entscheiden, dessen Temperatur dem von der jeweiligen Art bevorzugten Klima entspricht. Ebenso suchen sie feuchte, trockene, sonnenbeschienene oder schattige Plätze auf, je nachdem, welchen Lebensraum sie in Freiheit bewohnen.

Erschließung neuer Lebensbereiche

Ähnliches läßt sich an Tieren beobachten, die von sich aus ihren Lebensraum verlassen, um in der Nähe menschlicher Siedlungen neue Lebensbereiche zu erschließen, beispielsweise die Ratten. Die von baumbewohnenden Formen abstammende Hausratte bevorzugt die oberen Stockwerke oder den Dachboden von Gebäuden, sie klettert gut und ernährt sich überwiegend vegetarisch. Anders die Wanderratte, die ursprünglich an Uferbö-

Während die Umweltverschmutzung die Existenz vieler Tiere bedroht, nutzen Möwen eine Mülldeponie als zusätzliche Nahrungsquelle.

> **!** Als Verhaltensökologie im engeren Sinne bezeichnet man Verhaltensweisen eines Tieres, die – körperliche Anpassungen ergänzend – speziell auf die Auseinandersetzung mit seiner Umwelt abgestimmt sind.

schungen lebt. Sie richtet sich in Kellern und Kanalsystemen ein und lebt dort teils von Abfällen, teils von der Jagd auf kleinere Tiere.

Anpassungen an die Umwelt sind alle Merkmale eines Tieres, die ihm das Überleben in einer bestimmten Region ermöglichen. Die besondere Form der Entenfüße gehört ebenso dazu wie die Schnabelform des Spechtes oder die Tarnfarbe des Löwen. Es ist also alles andere als ein Zufall, wenn Steppentiere überwiegend gelbbraun gefärbt sind, während im Laub oder Gras lebende Tiere die verschiedensten Grüntöne aufzuweisen haben. Manche Tiere – z. B. der Polarfuchs oder das Chamäleon – können ihre Farbe ändern, der eine langfristig mit dem Wechsel der Jahreszeiten (er hat im Sommer ein blauschwarz bis graubraun schimmerndes Fell, im Winter ein weißes), das andere in Sekundenschnelle, je nachdem, auf welchem Untergrund es sich gerade befindet.

Farbe je nach Jahreszeit

Pinguine haben ebenso wie Wale oder Robben zum Schutz vor der arktischen Kälte, in der sie leben müssen, eine besonders kälteabweisende Fettschicht ausgebildet. Sie verstärken aber den Schutz, den ihnen dieses körperliche Merkmal bietet, durch eine besondere Verhaltensweise: Bei heftigen Schneestürmen sammeln sie sich zu Tausenden auf einer Eisscholle, bilden einen großen Kreis und igeln sich ein, indem sie sich mit dem Rücken zum Wind stellen und langsam im Kreis drehen. So bewahren sie ihre in den Bruttaschen geborgenen Eier und sich selber vor der Erstarrung; denn infolge der Kreisbewegung sind es immer andere Individuen, die für eine gewisse Zeit den ärgsten Sturm für ihre Artgenossen abhalten, um dann wieder in den geschützteren Innenbereich einzutauchen, wo sie sich aufwärmen können.

Das Problem, sich vor einer auf Dauer unverträglichen Temperatur zu schützen, lösen verschiedene Tierarten auf ganz individuelle Weise. Viele Vögel weichen der Kälte in den nördlichen Regionen der Erde aus, indem sie im Süden überwintern – und sobald es ihnen dort zu warm wird, kehren sie in ihre nördlichen Quartiere zurück. Amerikanische Nachtschwalben halten genauso wie Fledermäuse, Igel oder Siebenschläfer einen Winterschlaf, während dessen sie ihre Körpertemperatur drastisch reduzieren und ohne Nahrung in einem geschützten Versteck auf den Beginn des Frühlings warten.

Hamsterburgen, die bis zu zwei Meter tief in die Erde reichen, besitzen eine gut gepolsterte Wohnkammer, einen Vorratskeller und abgetrennt einen Kotplatz.

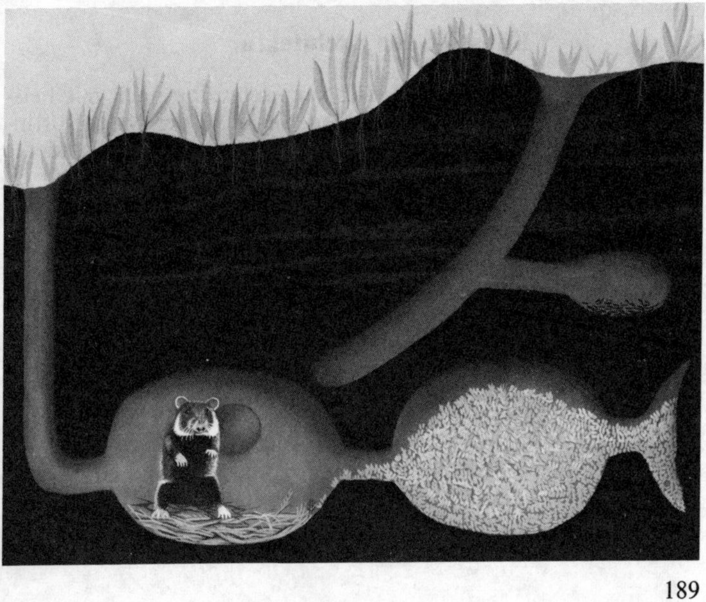

Künstler der Architektur

Begnügt sich die Nachtschwalbe noch mit Felsspalten oder Höhlen, die sie in der Natur vorfindet, so gibt es doch bei einer Vielzahl anderer Tiere die erstaunlichsten Fähigkeiten, durch eigene Aktivität die Umwelt ihren Bedürfnissen anzupassen.

Wüstenmäuse graben sich Höhlen, in denen sie die Zeit der Mittagshitze überdauern. Präriehunde legen regelrechte Burgen unter der Erde an, die sie durch Wälle vor Überflutung schützen. Da gibt es Schlafhöhlen und Vorratskammern, Kinderstuben und kleine Aufenthaltsräume für die Wachtposten, die Ausschau halten nach feindlichen Kojoten und Schlangen.

Burgen unter der Erde

Berühmt für seine kunstvollen Bauten ist auch der Biber, der in Uferböschungen Gänge und Höhlen anlegt, deren Ein- und Ausgang unter der Wasseroberfläche liegt. Auf diese Weise schützt er

sich vor seinen Feinden. Sinkt der Wasserspiegel im Fluß ab und droht den Höhleneingang freizugeben, so errichten die Biber in Gemeinschaftsarbeit Staudämme aus Baumstämmen und Ästen. Sie können mehrere hundert Meter lang werden, wenn viele Generationen nacheinander daran arbeiten.

Kunstvolle Bauten legen die Biber in Uferböschungen oder selbstgebauten Knüppeldämmen an. Ein- und Ausgänge zu den Wohnungen, die zweistöckig sein können, liegen immer unter Wasser.

Eisvögel und Uferschwalben graben horizontale Gänge in steil abfallende Uferwände, um dort geschützt zu brüten und ihre Jungen aufzuziehen. Adler bauen Horste hoch oben im Fels, die bis zu drei Meter Durchmesser und sechs Meter Tiefe erreichen können, afrikanische Webervögel stellen kunstvolle, oben geschlossene und mit einer lang herabhängenden Einflugröhre versehene Nestbauten aus Fasergeweben her, und die südamerikanischen Töpfervögel bauen Kugelnester aus feuchtem Lehm, die hart und wasserdicht werden.

Aus Lehm und Speichel gemischt sind die dikken Mauern, die einen Termitenbau gegen die Außenwelt abschirmen. Termiten regeln den Feuchtigkeitsgehalt der Luft und die Temperatur innerhalb ihres Baues, indem sie Luftdurchlässe je nach Sauerstoffbedarf verengen oder erweitern und Gänge und Zellen mit Wasser anfeuchten.

Die Wasserspinne lauert unter Wasser auf ihre Beute, obwohl sie dort als Landtier nicht atmen kann. Um das eigentlich Unmögliche möglich zu machen, trägt sie an ihrem Haarpelz ständig einen Luftvorrat mit sich herum und spinnt unter Wasser eine Art Luftballon, den sie füllt, indem sie viele kleine Luftblasen von der Wasseroberfläche herunterholt und unter ihrem Gespinst losläßt.

Unterschiedliche Aktivitätsmuster

So sind manche Tiere vor allem in der Morgen- und Abenddämmerung aktiv, andere schlafen am Tage und gehen während der Nachtstunden auf Nahrungssuche. Auch beim Menschen, der zu den tagaktiven Lebewesen gehört, lassen sich trotz zivilisationsbedingter Rhythmusänderungen deutliche Aktivitäts- und Stimmungsgipfel im Laufe des Tages nachweisen.

Es kommt vor, daß Tiere in ihrer Jugend andere Aktivitätsmuster zeigen als später als Erwachsene.

Spezialisierung

Die möglichst gute Anpassung der Tiere an einen bestimmten Lebensraum schließt die Berücksichtigung periodisch wiederkehrender Umweltänderungen mit ein, wie sie im Wechsel von Tag und Nacht, Ebbe und Flut, Sommer und Winter gegeben sind. Ein und derselbe Lebensraum kann durch unterschiedliche zeitliche Spezialisierung seiner Bewohner von mehreren konkurrierenden Arten gemeinsam genutzt werden.

So suchen junge Schildkröten auf den Galápagos-Inseln ihre Nahrung in den kühleren Abendstunden, wenn der Tau die von der Sonne des Tages ausgedörrten Gräser anfeuchtet und damit für ihre noch empfindlichen Mägen bekömmlicher macht. Eigentlich nachtaktive Tiere wie Dachse oder Löwen spielen als Kinder gern tagsüber in der Sonne und verhalten sich dabei so furchtlos, wie sie es als ältere Tiere nur noch während der Nachtstunden sind.

Aktivitätszyklen

Die Regelmäßigkeit der natürlichen Rhythmen von Tag und Nacht oder Ebbe und Flut hat dazu geführt, daß viele Tierarten endogene, das heißt von innen gesteuerte, Aktivitätszyklen entwickelt haben, die sich diesen Rhythmen anpassen. Diese Zyklen laufen auch dann ab, wenn sie nicht durch äußere Reize wie den Wechsel von Helligkeit und Dunkelheit provoziert werden, wie man bei Versuchen festgestellt hat.

Neben den sogenannten circadianen Rhythmen (von lat. circa = ringsum und dies = der Tag), die unter anderem für den nötigen Wechsel zwischen Ruhe- und Aktivitätsphasen sorgen, spielen vom Mond abhängige Rhythmen bei vielen Tieren einschließlich des Menschen eine wichtige Rolle. Die von den wechselnden Jahreszeiten gesteuerten Brunst- und Brutzyklen zahlreicher Tiere haben wir schon früher kennengelernt. Kalifornische Ährenfische laichen bei jeder Springflut, und der in der Südsee heimische Palolo-Wurm, der normalerweise auf dem Meeresboden lebt, schwärmt einmal im Jahr in einer ganz bestimmten Vollmondnacht des pazifischen Frühlings aus, um sich fortzupflanzen. Er kommt dazu an die Wasseroberfläche, wo er sein mit Samen bzw. Eiern gefülltes Hinterende abstößt. Bis zur nächsten Schwärmperiode, die, je nach Flutverhältnissen, in zwölf bis dreizehn Mond-Monaten wiederkehrt, werden die Hinterleiber vom Kopfteil des Borstenwurmes her regeneriert. Mögen »innere

Vom zufälligen Unterschlupf bis zu kunstvollen Nestern, Höhlen oder Lehmburgen reicht die Skala der Tierwohnungen. Sie dienen als Schutz vor Feinden (oben: z.B. Schneckenhaus), als Schlafplatz, Kinderstube, Vorratslager. Dachse (rechts) benutzen oft über Generationen denselben Bau. In der sogenannten Galle (oben links: Buchengalle; links: Rosengalle) entwickelt sich der Nachwuchs von Gallmücken bzw. -wespen; in Nestern meist der (rechts oben: von Beutelmeise und Teichrohrsänger) von Vögeln.

Jedem sein »Eigenheim«

Wenn die Tage kürzer werden, befällt viele Vögel rastlose Unruhe, die sich auf Artgenossen überträgt. In riesigen Schwärmen sammeln sie sich für den Flug gen Süden.

Uhren« den Tieren auch signalisieren, wann es Zeit ist, sich zur Ruhe zu legen, sich fortzupflanzen oder sich auf den Weg in ein anderes Land zu machen – die bis heute nicht restlos erforschten Fähigkeiten einiger Tierarten, über Tausende von Kilometern hinweg zu einem bestimmten Ziel zu finden, lassen sich damit allein nicht erklären.

Innere und äußere Signale wirken zusammen, um Zugvögel zum Aufbruch zu bewegen. Das Nachlassen des Paarungstriebes und die Zurückbildung der Geschlechtsorgane vieler Singvögel im Sommer, wenn ihre Brut flügge geworden ist, geht einher mit gesteigerter Freßlust, der Bildung von Fettpolstern für die strapaziöse Reise und zunehmender Friedfertigkeit. Wer im Frühling mit seinen Schwarmgenossen um den besten Nistplatz konkurrierte und das von ihm besetzte Revier samt Weibchen und Kindern erbittert verteidigte, entdeckt auf einmal wieder die Vorzüge des Gruppenlebens. Die Unruhe vor dem Aufbruch wirkt ansteckend, und der zunächst noch kleine Trupp sich sammelnder Vögel zieht mehr und mehr Artgenossen unwiderstehlich an.

Äußere Signale für die Sammlung zum gemeinsamen Flug in die Ferne sind überwiegend Dauer und Intensität der Sonnenstrahlung, aber auch regelmäßig einsetzendes Hochwasser, das Bodenbrüter von ihren Nestern vertreibt, Trockenheit, Kälte oder Nahrungsmangel. Die Kenntnis des Flugzieles ist den meisten Vögeln angeboren, nur wenige, zum Beispiel Graugänse, lernen von ihren

An einem See legen Störche eine kurze Rast ein, bevor sie den langen, anstrengenden Flug in ihr angestammtes Winterquartier fortsetzen.

Die größeren Zugvögel (auf unserem Bild Kraniche) fliegen in charakteristischen Formationen, wohl wegen der günstigen Strömungsverhältnisse.

Eltern, wohin sie fliegen müssen. Vögel, die bei Tag fliegen, orientieren sich am Sonnenstand, aber auch an auffälligen Landmarken, wenn sie ihr Ziel ansteuern. Nachtvögel richten sich nach dem Sternenhimmel. Doch auch die Reaktion auf erdmagnetische Felder kann bei der Orientierung im Raum eine Rolle spielen.

Der lange Weg zur Vermehrung

Während bei Vögeln sehr häufig klimatische Gründe oder Nahrungsmangel ausschlaggebende Komponenten der Massenwanderung sind, bestimmt bei verschiedenen Fischen und Schildkröten der Fortpflanzungstrieb Anfang und Ende ihrer Wanderlust.

Stichlinge oder Heringe ziehen in großen Schwärmen in seichte Gewässer, um dort ihren Laich abzulegen. Aale wandern aus den europäischen und nordamerikanischen Flüssen, in denen sie aufgewachsen sind, nach dem Einsetzen der Geschlechtsreife Tausende von Kilometern quer durch den Atlantik bis in die Sargasso-See, wo sie in einer Tiefe von 400 Metern ihren Laich ablegen und sterben. Nur hier gibt es die Umweltbedingungen, die ihre Eier zur Entwicklung brauchen, und von hier brechen die winzigen Aal-Larven wieder auf, um sich nach dreijähriger Reise durch den Ozean im Mündungsgebiet ihres Heimatflusses in Glasaale zu verwandeln und, stromaufwärts schwimmend, sich über Land schlängelnd oder unterirdisch mit dem Grundwasser vorwärtstastend, ihr angestammtes Verbreitungsgebiet zu erreichen.

Den umgekehrten Werdegang finden wir bei Lachsen, die in sauerstoffreichen Bachläufen aus dem Ei schlüpfen und als Blanklachse von etwa 20 Zentimeter Länge ins Meer hinausschwimmen.

Alle Aale wandern zum Laichen in die Sargassosee: Rechts im Bild die Wege europäischer, links die amerikanischer Flußaale.

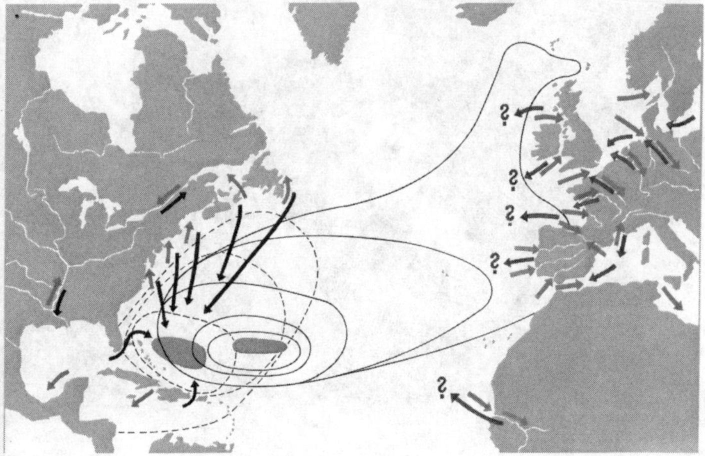

Hier wachsen sie zu einer stattlichen Größe heran, suchen auf ausgedehnten Wanderungen bestimmte Nahrungsgründe auf und kehren schließlich als geschlechtsreife Tiere zum Laichen in ihren Heimatfluß zurück. Während ihre »innere Uhr« ihnen die Orientierung im Meer ermöglicht und den richtigen Zeitpunkt zum Aufbruch anzeigt, finden sie die Mündung ihres Flusses mit Hilfe ihres außergewöhnlich guten Geruchssinnes.

Eine leichte Beute für Bären werden die Lachse, wenn sie zum Laichen aus dem Meer in ihre Heimatflüsse zurückkehren.

Woher erwachsene Suppenschildkröten wissen, wenn sie aus ihren Weidegründen vor der brasilianischen Küste aufbrechen, an welchem Strandabschnitt der 2000 Kilometer entfernten Insel Ascension sie ihre Eier ablegen müssen, das bleibt

Literaturhinweise

Koenig, Otto: *Das Paradies vor unserer Tür. Ein Forscher sieht Tiere und Menschen,* Wien/München/Zürich 1971. – Sehr vielseitige und anregende Abhandlung über Verhaltensforschung allgemein und Umweltprobleme, Erziehung, Rangordnung, Haustiere, Zootiere und Symboltiere im besonderen.

Uexkuell, Jakob v./Kriszat, G.: *Streifzüge durch die Umwelten von Tieren und Menschen,* Frankfurt 1970

ebenso schwer nachzuvollziehen wie das Orientierungsvermögen ihrer Jungen, die sich unmittelbar nach dem Schlüpfen auf ihren gefährlichen, ständig von räuberischen Möwen bedrohten Weg zum Meer machen. Der amerikanische Professor Archie Carr, Biologe an der Universität Florida, hat nachweisen können, daß es jedenfalls kein Kompaßsinn ist. Er transportierte Schildkröteneier von der Ostküste Costa Ricas an die Westküste – und wenn die jungen Schildkröten mit einem angeborenen Richtungssinn auf die Welt gekommen wären, hätten sie jetzt nach Osten ins Gebirge kriechen müssen. Sie wandten sich aber nach Westen, dem Pazifik zu, und Professor Carr nimmt an, daß sie damit höchstwahrscheinlich auf bestimmte Eigenschaften der Luft über dem offenen Wasser reagieren.

Angeboren oder nicht?

Die Gebundenheit der Tiere an einen bestimmten Lebensraum ist also, wie solche Beispiele zeigen, durchaus relativ und nicht identisch mit ständiger Ortstreue. Auch Säugetiere brechen unter verschiedenen Voraussetzungen zu Massenwanderungen auf, sei es, um neue Wohngebiete zu suchen, sei es, um vorübergehend ungünstigen klimatischen Bedingungen zu entfliehen. Das gilt insbesondere für die Tiere der afrikanischen Steppen, die in riesigen Herden dem Regen nachziehen und erst in ihre Heimatareale zurückkehren,

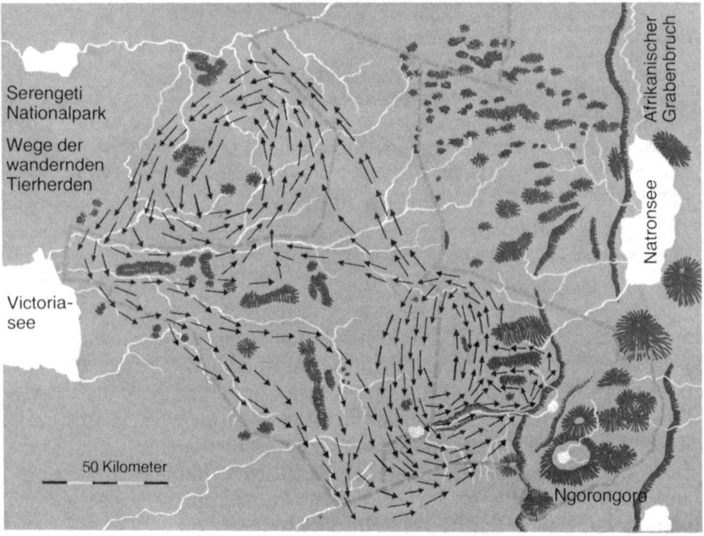

Eine riesige Anzahl von Tieren geht alljährlich im Serengeti-Nationalpark auf Wanderung. Periodische Trockenheit und Nahrungsmangel zwingen sie dazu.

wenn dort die periodisch einsetzende Trockenzeit vorüber und neues Gras gewachsen ist. Das gilt aber auch für den Menschen, der die Erde wie kaum ein anderes Lebewesen von der Arktis bis zu den Tropen in allen nur denkbaren ökologischen Nischen bewohnt und dennoch in den wesentlichen Komponenten seines Verhaltens immer derselbe geblieben ist. Es scheint also letztlich die Kombination von Beharrlichkeit und Beweglichkeit zu sein, die einer Art die besten Überlebenschancen sichert.

Nahrungserwerb

»Figan saß im Schatten und lauste sich. Außer ihm waren noch ungefähr zehn andere Schimpansen im Camp, die sich entweder ebenfalls lausten oder in kleinen Gruppen ruhend beieinanderlagen. Auch ein ausgewachsenes Pavianmännchen war im Camp und brach mit seinen kräftigen Zähnen Palmkerne auf, während ein junger Pavian sich an den reifen Früchten einer Palme gütlich tat.

Sich jagende Schimpansen

Als Figan aufstand und auf diese Palme zuging, weckte irgend etwas an seiner Art zu gehen – eine gewisse Gespanntheit, die in seiner Haltung zum Ausdruck kam – Mikes Aufmerksamkeit. Figan warf einen kurzen Blick auf den jungen Pavian und kletterte dann ganz langsam den Stamm hinauf. Als er höher kam, spähte der Pavian ängstlich grinsend zu ihm hinunter und begann, kleine schrille Laute auszustoßen. Dann sprang er in die Krone einer benachbarten Palme hinüber. Als Figan den Wipfel seines Baumes erreicht hatte, hielt er einen Augenblick inne, bevor er dem Pavian sehr langsam folgte. Dieser sprang, jetzt lauter kreischend, auf den Baum zurück, auf dem er zunächst gesessen hatte. Wieder folgte ihm Figan. Nachdem sich dieses Hin und Her ... zweimal wiederholt hatte, stürzte Figan plötzlich auf den Pavian zu, der sich entsetzt ... etwa sieben Meter hinab auf einen anderen Baum rettete.

Inzwischen verfolgten die übrigen Schimpansen mit gesträubtem Fell die Jagd mit unverhohlenem Interesse. Als der Pavian sprang, kletterte

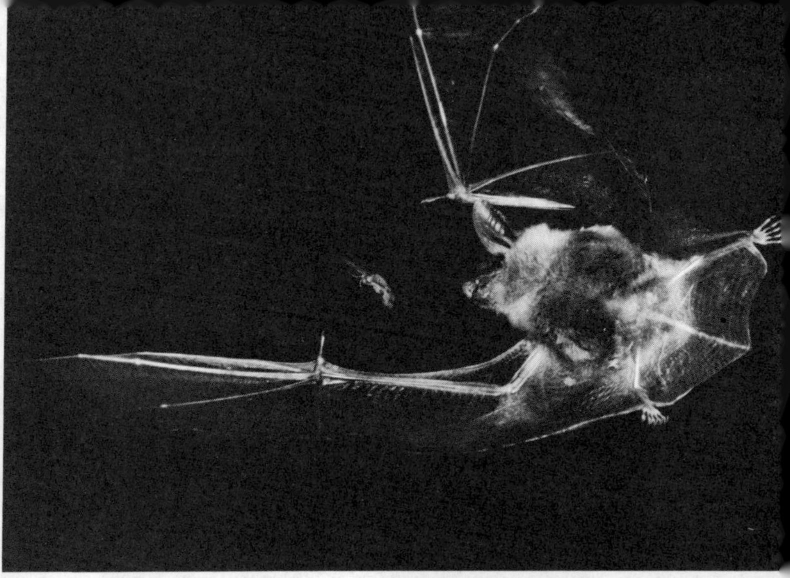

Tiere finden ihre Nahrung in Form von Kohlenhydraten, Fetten und Eiweiß in Pflanzen oder Tieren vor. Angeborene Verhaltensmuster, die durch Erfahrung beeinflußt werden könnten, bestimmen bei den meisten die Nahrungsauswahl und den -erwerb. Links oben: Igel frißt Blindschleiche und Feuerwanze saugt Kartoffelkäferlarve aus; links: Rote Waldameisen transportieren Raupe; oben: Großmausohr fängt Nachtschmetterling; rechts: Schleiereule mit Beute

Nahrungsauswahl und Nahrungserwerb

Mike rasch den Baum hinauf, auf dem er landete. Im gleichen Augenblick rannte das ausgewachsene Pavianmännchen mit lautem Gebrüll herbei. Schreiend setzte der Gejagte zu einem zweiten Sprung an und landete auf der Erde. Mike sprang ebenfalls herab und setzte ihm nach, während der ausgewachsene Pavian Mike verfolgte. In dem allgemeinen Durcheinander, zu dem die übrigen Schimpansen das Ihrige beitrugen, gelang es dem kleinen Pavian, zu entwischen.«

Schimpansen lieben Fleisch

Bis Jane van Lawick-Goodall im ehemaligen Wildreservat und heutigen Nationalpark am Gombe-Strom in Tansania verschiedene solcher Beobachtungen jagender und fleischfressender Schimpansen gelangen, hielt man die engsten Verwandten des Menschen für Vegetarier. Tatsächlich ernähren sich Schimpansen überwiegend von pflanzlicher Kost, die sie wildwachsend in den tropischen Wäldern Afrikas oder auch in den Gärten und auf den Feldern der Menschen finden. Ihre Vorliebe für Bananen ist bekannt; darüber hinaus fressen sie Palmfrüchte, Feigen, verschiedene Beeren, Blätter und Blüten. Sie plündern Bienennester, weil sie auf Honig und Larven versessen sind, sie angeln mit Grashalmen nach Termiten und haben eine ausgesprochene Vorliebe für Eier, die sie zusammen mit Blättern zerkauen und genießerisch im Mund behalten, solange es eben geht.

Besondere Gourmets

Obwohl die Schimpansen Vegetarier sind, haben sie einen immer wieder durchbrechenden Appetit auf Fleisch, das sie allerdings nur relativ selten erbeuten können. Jane van Lawick-Goodall zählt als Beutetiere junge Buschschweine, junge Buschböcke, Kolobusaffen und kleine Paviane auf, und sie erwähnt zwei Fälle, in denen – vor Be-

Raubtiere und ihre Fangmethoden

Raubtiere sind meistens mit scharfen Krallen und spitzen Zähnen ausgerüstet, um ihre Beute festhalten und zerreißen zu können. Darüber hinaus verfügen viele von ihnen über angeborene Verhaltensprogramme, die vom Anschleichen über das Anspringen der Beute bis zum genau auf die Anatomie des Opfers abgestimmten Tötungsbiß keine Einzelheit dem Zufall überlassen.

Ganz generell läßt sich sagen, daß Tiere, die sich von anderen Tieren ernähren, die vielfältigsten Anpassungen entwickelt haben. Das liegt, wie Irenäus Eibl-Eibesfeldt meint, vor allem daran, daß sie die verschiedensten Abwehrmaßnahmen ihrer Beutetiere berücksichtigen und durch Verfeinerung ihrer Fangmethoden beantworten mußten. Die Intelligenz der »Räuber« liegt immer etwas über der der Pflanzenfresser, sie lernen leichter und sind eher imstande, einsichtig zu handeln.

ginn ihrer Forschungsarbeiten am Gombe-Strom – Schimpansen afrikanische Babies geraubt haben, vermutlich um sie zu fressen. Zumindest hatte das Schimpansenmännchen, dem man das eine Baby wieder abjagen konnte, schon angefangen, seine Gliedmaßen anzufressen.

Nur Männchen sind Jäger

Zwei Umstände sind in diesem Zusammenhang bemerkenswert – einmal die Tatsache, daß in allen beobachteten Fällen nur männliche Schimpansen als Jäger und Fleischfresser auftraten, die ihre Beute, auch wenn sie sie im Beisein von ranghöheren Männchen verzehrten, gegen jeden Übergriff anderer Schimpansen erfolgreich verteidigten. Allerdings waren die Fleischbesitzer gelegentlich bereit, ausgekaute Bissen oder gar kleine Fleischstückchen abzugeben – genervt von all den auf sie gerichteten, flehenden Augen und bittend ausgestreckten Händen ihrer Gefährten. Der zweite interessante Punkt ist der Umstand, daß

Diese Schimpansin hat eine Obstplantage geplündert und hat nun alle Hände voll zu tun, ihre reiche Beute in Sicherheit zu bringen.

andere Schimpansen die Jagd eines ihrer Gruppengenossen nicht nur aufmerksam und voller Spannung verfolgen, sondern auch gezielt eingreifen, indem sie beispielsweise dem Opfer den Fluchtweg abschneiden. Bei aller Rivalität, die sonst zwischen Mitgliedern einer Gruppe herrschen kann, wenn es um Nahrung geht – in diesem Fall kommen sie dem Jäger uneigennützig zur Hilfe, denn bei der Kleinheit der in Frage kommenden Beutetiere bleibt für die Helfer so gut wie nichts übrig. Auch wenn ein Schimpanse satt ist, läßt er seine Beute nicht liegen. Er trägt sie mit sich herum, bis er sie sich restlos einverleibt hat.

Diese knauserige Art ist sehr ungewöhnlich für ein gesellig lebendes Tier und vielleicht damit zu erklären, daß Fleisch für Schimpansen eben

(noch?) keine normale und selbstverständliche Kost ist. Raubtiere wie Löwen, Bären oder Wölfe hingegen teilen ihre Beute nicht nur mit ihren Kindern, sondern sogar mit anderen Tieren. Löwen füttern indirekt ganze Scharen von Vögeln und Kleintieren mit den Abfällen ihrer Mahlzeiten, und es kommt sogar vor, daß sie sich von einem Schakal etwas von ihrer Beute wegschnappen lassen, während sie noch fressen. Der Eisbär wird häufig von arktischen Füchsen und Möwen begleitet, die sich an den Resten seiner Beute sättigen, und von Schwarzbären, Steppenwölfen und Berglöwen wird übereinstimmend berichtet, daß sie sich vorübergehend von ihrer Beute zurückziehen, wenn ein Vielfraß dazukommt und mitfressen will.

Um nur ja keine der köstlichen Früchte zu verlieren, setzt sie ihre Flucht auf zwei Beinen fort.

Schlangen haben einen nur lose mit Schädel verbundenen Unterkiefer, der sich dank elastischer Bänder weit nach außen dehnen läßt. So können sie auch Beutetiere verschlingen, die dikker sind als sie selber. Der Schlingakt, bei dem sich die spitzen, nach hinten gekrümmten Schlangenzähne über die Beute »hakeln«, kann bei größeren Tieren stundenlang dauern. Da der Magen der Schlangen überaus dehnbar ist, können sie nach der »Mahlzeit« bis zur Unförmigkeit anschwellen.

Schlange mit erbeutetem Frosch

Spezialisten des Beutefangs

Manche Amphibien und Reptilien fangen ihre Beute mit der Zunge, die sie weit aus dem Mund herausschleudern können, andere schnappen unter Wasser nach kleinen Fischen und verursachen dabei einen solchen Sog, daß ihnen die Beute regelrecht ins Maul geflogen kommt. Einige Schlangen verletzen ihr Opfer nur leicht mit ihren Giftzähnen und folgen seiner Spur, bis es verendet ist, andere schlingen es lebendig hinunter. Dieser Methode bedienen sich auch die meisten Fische und andere Meerestiere, die sich von jeweils kleineren Wasserbewohnern ernähren, indem sie sie einfach verschlucken.

Originelle Nahrungsbeschaffung

Eine höchst originelle Art, Insekten zu fangen, hat der Schützenfisch entwickelt. Er steht wartend knapp unter der Wasseroberfläche, bis er ein an einer Wasserpflanze ausruhendes Insekt entdeckt. Dann zielt er mit einem Wasserstrahl nach ihm, wobei er gegen Ende eines jeden »Schusses« den Kopf hochreißt, so daß der Wasserstrahl zu einer Garbe ausgefächert wird. Damit steigt die Wahrscheinlichkeit, sein Opfer zu treffen und ins Wasser zu schleudern. Der Trompetenfisch schleicht sich an seine Beute an, indem er sich auf den Rükken eines großen Friedfisches legt, der den Meeresboden abweidet und dabei kleine Fische anlockt, die von aufgestöberten Kleintieren leben. Sind genügend Fischchen versammelt, verläßt der Trompetenfisch sein Versteck und frißt sie. Es gibt Korallenfische, die fast schnabelförmige Schnauzen entwickelt haben, mit denen sie in Spalten und Klüften eines Korallenriffs nach Nahrung suchen. Auch Vögel, die Insekten und ihre Larven aus schwer zugänglichen Verstecken hervorholen müssen, haben schmale und spitze Schnäbel, die gelegentlich gebogen sind, um das Stochern zu erleichtern. Die in Neuseeland heimischen Hopflappenvögel teilen sich die Mühe der Nahrungs-

beschaffung: Das Männchen meißelt mit seinem kurzen, geraden Schnabel die Baumrinde auf, und das Weibchen holt mit seinem schmalen, gebogenen und wesentlich längeren Schnabel die Beute darunter hervor.

Wer gern Insekten frißt und an diese Vorliebe morphologisch, also im Hinblick auf seine Gestalt, nicht angepaßt ist, bedient sich notfalls auch

Der Galápagos-spechtfink stochert mit einem Kaktusdorn nach Insekten. Dieser Werkzeuggebrauch ist ihm angeboren.

Der Schimpanse möchte unbedingt die Banane haben, doch sein Arm ist zu kurz. Im Käfig liegt jedoch ein mit Haken versehener Stock.

eines Werkzeugs wie der Spechtfink auf der Galápagosinsel Indefatigable. Er öffnet zunächst mit seinem kurzen und spitzen Schnabel die Bohrgänge, die Insekten in Baumästen angelegt haben, und stochert dann mit einem Kaktusstachel nach den darin versteckten Larven. Der nordamerikanische Kleiber benutzt Rindenschuppen als Hebel, um Insekten freizulegen, die sich unter der Rinde versteckt haben.

Daß Schimpansen mit Grashalmen nach Termiten angeln, haben wir bereits erwähnt. Doch während uns bei Menschenaffen der Gebrauch von

Der Schimpanse überlegt eine Weile, kombiniert und benutzt dann den Stock als verlängerten Arm, um die begehrte Banane zu angeln.

Werkzeugen kaum noch überrascht, erwarten wir dergleichen bestimmt nicht von einem Vogel wie dem afrikanischen Schmutzgeier. Der sucht, sobald er ein Straußennest mit Eiern entdeckt, im Umkreis von mehreren Metern nach Steinen, 200 bis 300 Gramm schwer, schleppt sie heran und schleudert sie so lange auf das Straußenei, bis es zerbricht, so daß er den Inhalt verzehren kann. Der kalifornische Seeotter, der Muscheln öffnet, indem er sie gegen einen Stein schlägt, geht sogar noch einen Schritt weiter: er bringt den benötigten Stein selber mit. Rücklings auf dem Meer trei-

Ein erstaunliches Verhalten legt der Schmutzgeier aus dem Mittelmeergebiet an den Tag. Um Eier größerer Vogelarten zu öffnen, bewirft er sie mit Steinen.

bend, balanciert er ihn auf der Brust, um ihn im entscheidenden Moment »zur Hand« zu haben.

Spezialisten im Beutefang mit selbstgefertigtem Werkzeug sind viele Spinnen. So angelt zum Beispiel die haarige Kaiserspinne, die in Australien lebt, nachts nach Insekten, indem sie sich an einem waagerechten Faden festhält und mit einem Bein einen lang herabhängenden Faden kreisen läßt, an dessen Ende ein klebriges Tröpfchen als Köder hängt. Noch ist unbekannt, ob das Kreisen des Köders die Insekten anlockt oder ein bestimmter Geruch, den die Spinne ausströmt, dabei eine Rolle spielt.

Die sogenannte Lassospinne schleudert einen Faden, der in einer klebrigen Kugel endet, nach vorbeifliegenden Insekten und zieht sie damit an sich heran. Wieder andere Spinnen haben es fertiggebracht, Fallen zu entwickeln, in denen sich das Opfer auch während ihrer Abwesenheit fängt. Vom klebrigen Stolperdraht bis zum kunstvoll konstruierten Radnetz arbeiten sie nach dem Prinzip, das Opfer zumindest so lange aufzuhalten und an der Flucht zu hindern, bis die Spinne zur Stelle ist, um es zu überwältigen.

Köder-Attrappen

Zu den weitestgehenden Anpassungen im Dienste des Nahrungserwerbs gehören die Nachahmungen, die als sogenannte »natürliche Attrappen« bestimmte Verhaltensweisen bei anderen Tieren auslösen. Wir haben im ersten Teil dieses Buches gesehen, daß ganze Verhaltensketten auf Schlüsselreizen und angeborenen Auslösemechanismen basieren. Frösche und Kröten reagieren mit Fanghandlungen auf kleine, sich bewegende Objekte, und junge Amseln »sperren«, wenn ein Elternvogel am Nestrand erscheint – aber sie reagieren eben so wenig wählerisch, daß sie den Schnabel auch öffnen, wenn nur ein Forscher behutsam an das Nest klopft oder eine Pappscheibe über dem Nestrand erscheinen läßt.

Einige Raubfische sind darauf programmiert, im Wasser schwimmende Würmer zu erbeuten, und genau das machen sich Anglerfische zunutze, die ihrerseits von kleinen Raubfischen leben.

Anglerfische

Anglerfische, mit wissenschaftlichem Namen als »Lophiiformes« bezeichnet (von griech. lophia = Mähne, Rückenflosse), leben meist am Fluß- oder Meeresboden, sehen manchmal wie ein bewachsener Stein und manchmal wie ein Algenbüschel aus und sind farblich genau ihrer Umgebung angepaßt. Sie haben keine kräftigen Zähne, mit denen sie ein Beutetier festhalten könnten, und sind deshalb darauf angewiesen, daß ihnen ein nahrhaftes Tier freiwillig ins Maul schwimmt. Behilflich ist ihnen dabei die besondere Form ihrer Rückenflosse, der sie ihren Namen verdanken – denn die vorderen Strahlen dieser Rückenflosse sind nicht durch Flossenhäute miteinander verbunden und daher einzeln beweglich. Der erste Strahl ist oft »angelartig« verlängert, fast durchsichtig und endet in einer Köder-Attrappe, die wie Algenbüschel oder Würmer der verschiedensten Art aussehen, je nachdem, für welches Beutetier sie gedacht sind. Diese mit Ködern versehenen Angeln lassen die Anglerfische nun vor ihrem weit geöffneten Maul auf und ab tanzen, und wenn ein Beutetier nahe genug herangekommen ist, saugen sie es mit einem gewaltigen Schluck samt dem umgebenden Wasser ein.

Geier-schildkröte

Ein ähnliches Verfahren hat die Geierschildkröte entwickelt, die im seichten Gewässer des Mississippis zu Hause ist. Kopf, Beine und Panzer dieser größten amerikanischen Schildkröte sind unauffällig gefärbt und mit unregelmäßigen Fransen und Fortsätzen versehen, der Panzer ist dick mit Algen bewachsen, so daß sich das Raubtier so gut wie gar nicht von seiner Umgebung abhebt. Hat die Geierschildkröte Hunger, so sperrt sie ihren Rachen weit auf, in dem eine dicke schwarze Zunge sichtbar wird, die in zwei dünnen, roten »Wurmfortsätzen« endet. Diese Fortsätze werden durch Muskeln in drehender Bewegung gehalten, bis ein Fisch anbeißt. Im selben Augenblick schließt sich die Falle.

Der Mensch bedroht die Umwelt

Ob ein Tier sich von Pflanzen ernährt oder von anderen Tieren, ob es »von der Hand in den Mund« lebt oder Vorräte anlegt, ob es in guten Zeiten seine Jungen selbstlos mit Nahrung versorgt oder sie in schlechten Zeiten kurzerhand auffrißt - die Verhaltensprogramme aller Lebewesen sind im Prinzip so angelegt, daß sie dazu beitragen, ein ökologisches Gleichgewicht aufrechtzuerhalten. Erst die Fähigkeit des Menschen, sich über seine naturgegebenen Grenzen hinwegzusetzen, und sein Wahn, mit Hilfe neuer Technologien zur Not auch gegen die Natur leben zu können, hat dazu geführt, daß die Einsicht in ökologische Zusammenhänge und ein davon geprägtes, verantwortungsbewußtes Handeln gar nicht dringlich genug gefordert werden können.

Tarnung und Täuschung

Als am 16. Oktober 1906 der Schuster Wilhelm Voigt in Hauptmannsuniform in Köpenick auf offener Straße einen Trupp Soldaten anhielt, mit ihm ins Rathaus marschierte, den Bürgermeister verhaftete und die Stadtkasse beschlagnahmte, machte er sich sein im Gefängnis erworbenes Spezialwissen über militärische Kommandos gleichermaßen zunutze wie den Respekt seiner Mitbürger vor Uniformen und Rangabzeichen. Er baute darauf, daß die Soldaten seinen Befehlen folgen würden, ohne über ihren Sinn nachzudenken, und daß kein Zivilist es wagen würde, einem Hauptmann in Sondermission Fragen zu stellen.

Tatsächlich ist keine Gesellschaft funktionsfähig ohne eine gewisse Grundausstattung mit Signalen, die zuverlässig ganz bestimmte Verhaltensweisen auslösen. Von optischen Erkennungszeichen wie Hautfarbe, Fell- oder Gefiederzeichnung über geruchliche oder akustische »Parolen« bis zu bestimmten Bewegungsweisen reichen die Merkmale, die dazu beitragen, Gruppenmitglieder zu identifizieren und Gruppenfremde auszuschließen.

Auslösemechanismen

Die Zuverlässigkeit, mit der Mensch und Tier auf angeborene oder erworbene Auslösemechanismen ansprechen, hat sich im großen und ganzen als vorteilhaft im Sinne der Arterhaltung erwiesen, sie birgt aber auch die Gefahr mißbräuchlicher Nutzung. Über den Coup des Hauptmanns von Köpenick können wir uns nur deshalb amüsieren, weil er ohne Blutvergießen und nicht in krimineller Absicht ausgeführt wurde. Wenn dagegen zwei als Polizisten verkleidete Ganoven einen Autofahrer anhalten, um ihn zu berauben und anschließend mit seinem Wagen das Weite zu suchen, dann findet das wohl kaum noch jemand amüsant. Und wenn Terroristen, als Blumenboten getarnt, in die Wohnung ihres Opfers eindringen oder eine Autokolonne zum Anhalten zwingen, indem sie einen Kinderwagen über die Straße rollen lassen, weckt das spontan Abscheu zumindest bei all den anständigen und normalen Menschen, die in einer solchen Situation ganz selbstverständlich arglos die Tür öffnen oder auf die Bremse treten.

Anständig und normal?

Anständig und normal sind im Sinne der Verhaltensforschung alle Individuen einer Art, die sich den auf gesellschaftlicher Übereinkunft beruhenden Anstandsregeln oder bestimmten, allen gemeinsamen angeborenen Verhaltensgrundlagen entsprechend benehmen. Solche Regeln gelten im allgemeinen nur innerhalb einer Art, sind also nicht auf die Beziehungen zwischen Angehörigen verschiedener Arten anzuwenden.

Optische Täuschungen

Insofern kann man es nicht als unanständig bezeichnen, wenn die Geierschildkröte mit ihren Wurmfortsätzen im Maul all jene Fische übertölpelt, die angeborenermaßen auf alles, was wurmartig aussieht und sich wurmartig bewegt, mit Zuschnappen reagieren. Und ebensowenig ist es nach moralischen Maßstäben zu bewerten, wenn der amerikanische Bussard Buteo albonotatus, als Geier »verkleidet«, auf seine durch nichts gewarnte Beute hinabstößt. Als einziger Bussard dieser Region ist er fast ganz schwarz, hat lange, schmale Flügel und segelt durch die Luft, anstatt beim Anblick eines Beutetieres stillzustehen und in der Luft zu rütteln. Er gleicht mit diesem Aussehen und diesem Verhalten zum Verwechseln den Truthahngeiern, die sich nichts aus lebendigen kleinen Tieren machen und von diesen darum auch nicht gefürchtet werden. Der scheinbar aus der Art geschlagene Bussard mischt sich, wenn er auf Jagd geht, unauffällig zwischen kreisende Truthahngeier und wird auf diese Weise so lange leichtes Spiel haben, bis seine Opfer vielleicht im Laufe vieler Generationen eine neue Möglichkeit der Tarnung entwickeln, die sie dem Zugriff des Raubvogels entzieht. Das griechische »mimikos« meint bezeichnenderweise sowohl »mimisch« als auch »unanständig« und »unzüchtig«. Das Mißtrauen und die moralischen Vorbehalte, die wir dem Phänomen Mimikry gegenüber gefühlsmäßig so leicht entwickeln, scheinen also weit zurückzureichen.

Mimikry

Bevor wir uns gleich weiteren Spielarten der Mimikry zuwenden, sei noch auf eine Erscheinung hingewiesen, die leicht mit ihr zu verwechseln ist – die Mimese (von grch. mimesis = Nachahmung).

Wildschwein-Frischlinge dukken sich, durch ihr Fellkleid gut getarnt, in das dürre Gras. Viele Jungtiere sind in ihrem Aussehen der Umgebung angepaßt.

> **!** Wenn ein Tier einem anderen zum Verwechseln ähnlich sieht, sprechen Biologen von *»Mimikry«*, einem Wort, das von der griechischen Wortwurzel für Nachahmung und Verfälschung abgeleitet worden ist. Von *Mimese* spricht man, wenn ein Tier sich in Farbe, Form und Bewegungsweisen so an seine Umgebung anpaßt, daß es vom jeweiligen Hintergrund nicht mehr zu unterscheiden ist.

Mimese

Das wohl berühmteste Beispiel für Mimese ist das »Wandelnde Blatt«, eine südasiatische Heuschrecke, die ein grünes Blatt täuschend imitiert. Plattfische, zum Beispiel die Seezunge, gleichen sich in wenigen Stunden dem Untergrund an, über dem sie sich gerade befinden. Spinnenkrabben pflücken Algenstückchen in ihrer Umgebung ab und kleben sie entweder mit einem Mundsekret auf ihren Rücken oder spießen sie dort auf kleine Dornen. Raupen haben häufig die Farbe der Pflanzen, von denen sie sich ernähren, und daß diese Färbung nicht immer genetisch programmiert ist, beweist das Beispiel der Puppen unseres Schwalbenschwanzes. Sie sehen grün aus, wenn sie an Stengeln sitzen, und grauweiß, wenn sie an Baumstämmen oder Steinen hängen. Welche Farbe auftritt, hängt von der Belichtung während einer sensiblen Phase kurz vor der Verpuppung ab, und die wiederum ist von einem Verpuppungsort zum anderen unterschiedlich. Schließlich gibt es sogar »mimetische Kollektive«, in denen mehrere Individuen einer Art zusammen einem einzelnen Objekt gleichen. Ostafrikanische Zikaden täuschen ganze Blütenstände an kahlen Stengeln vor, zum Teil sogar in einer Weise farblich gemischt, daß grüne Exemplare an senkrechten Stengeln die Stengelspitze besetzen, als seien sie noch nicht aufgeblüht wie die darunter sitzenden gelben.

Das »Wandelnde Blatt«, eine tropische Gespenstheuschrecke, imitiert grüne bis gelbliche Blätter: Ein Musterbeispiel für Mimese!

Perfekte Schutzeinrichtungen

Der Wiener Professor Otto Koenig holte einmal Sand von der oberitalienischen Mittelmeerküste für die Aquarien seiner biologischen Station Wilhelminenberg. Dort entdeckte er dann im Becken eine schöne Seeanemone, deren Herkunft er sich nicht erklären konnte. Am nächsten Tag saßen statt ihrer zwei nur halb so große Anemonen im Sand des Beckens, und am dritten Tag war es wieder eine. Durch diese unmöglichen Zustände herausgefordert, versetzte Professor Koenig die Seeanemone in ein eigenes Becken, um sie genauer zu untersuchen. Und siehe da – es war gar keine Anemone, sondern eine große Familie von noch nicht ganz sicher identifizierten Würmern, die unter dem Sand wie manche Raupen in geschlossener Formation dahinzogen, bis sie irgendwo auftauchten, um auf dem Sand das lebende Bild der Seeanemone zu stellen. Der Erfolg gab ihnen recht: Kleine Fische, die sich mit Vorliebe von Würmern ernähren, machten um sie den gleichen großen Bogen wie um ihr Vorbild, das sich durch Nesselgift vor Räubern schützt.

Das mimetische Verhalten dieser Würmer müßte eigentlich schon als Mimikry bezeichnet werden, denn es ahmt ja die Seeanemone nach, um abschreckend zu wirken, nicht um sich unsichtbar zu machen.

Batessche Mimikry

Genau das tun auch jene südamerikanischen Schmetterlinge, an denen der englische Naturforscher Henry W. Bates vor hundertundzwanzig Jahren erstmals das Phänomen »Mimikry« beobachtet und beschrieben hatte, das seither ihm zu Ehren als Batessche Mimikry in die Literatur eingegangen ist. Sie paßten sich in einer Weise an Aussehen und Verhalten ungenießbarer Schmetterlinge einer ganz anderen Familie an, daß Bates sie im Flug nie von jenen unterscheiden konnte. Erst bei der genauen Untersuchung der von ihm gefangenen Exemplare entdeckte er die aufschlußreichen Unterschiede.

Eine vergleichbare Form dieser schützenden Mimikry ist auf den Philippinen beobachtet worden. Dort leben Schaben, die nicht nur anders aussehen, sondern sich auch anders benehmen, als man es von Schaben eigentlich erwarten sollte. Schaben lieben im allgemeinen Spalten und Ritzen, in denen sie sich verstecken, und sie passen sich dem Untergrund an, auf dem sie leben; die meisten tropischen Arten sehen daher grün aus wie die Pflanzen, zwischen denen sie hocken. Die philippinischen Schaben der Gattung Prosoplecta aber sind ganz im Gegenteil auffallend bunt gefärbt und denken nicht daran, sich irgendwo zu verstecken. Sie verlassen sich darauf, daß ihre Ähnlichkeit mit

Das Abendpfauenauge, ein in Mitteleuropa häufig auftretender Schwärmer. Seine Augenzeichnung auf den Hinterflügeln dient zur Abschreckung.

den für Insektenfresser ungenießbaren Blatt- und Marienkäfern sie vor jedem Überfall ihrer Freßfeinde schützt.

Die meisten bekannten Formen von Mimikry beruhen auf optisch wirksamen Täuschungen, was vielleicht nur damit zusammenhängt, daß der Mensch als ausgesprochenes »Augentier« diesem Sektor besonders viel Aufmerksamkeit widmet. Daneben kommt aber genauso akustische Mimikry vor, mit der etwa in Baumhöhlen nistende Kleinvögel, beispielsweise Meisen, auf Störungen beim Brüten reagieren. Sie zischen dann wie eine Schlange, wobei sie den Kopf mit geöffnetem Schnabel langsam hin- und herpendeln lassen. Hummeln, die im Freien übernachten und morgens noch nicht fliegen können, solange der Tau in ihren Flügeln hängt, lassen sich bei Gefahr auf den Rücken fallen, summen drohend, machen Stechbewegungen und sondern eine Flüssigkeit aus dem Hinterteil ab – und all das, einschließlich der Stechbewegungen, ahmt der Totengräber nach, obwohl er gar keinen Stachel hat.

Akustische Mimikry

Fressen oder Nicht-gefressen-werden?

Die Täuschung eines anderen Tieres braucht nicht unbedingt mit Hilfe von Mimikry zu erfolgen, ebensowenig wie das Endziel Fressen oder Nicht-gefressen-werden als alleiniger Zweck solcher Täuschungsmanöver anzusehen ist.

Beliebt bei einer Reihe von Fischen, Reptilien und Insekten ist die Täuschung eines potentiellen Freßfeindes oder Opfers mit Hilfe der optischen Vertauschung von Kopf und Schwanz. Die thailändische Langkopfzirpe trägt an den Enden ihrer Hinterflügel jeweils einen antennenartigen Fortsatz und am Hinterrand ihrer Vorderflügel auf jeder Seite ein großes Augenornament. Wenn sie sich bedroht fühlt und fortspringt, sieht es so aus, als spränge sie rückwärts, denn ihr echter Kopf ist so klein, daß man ihn kaum erkennen kann. Etwas mehr über das Verhalten solcher Insekten mit falschem Kopf wissen wir durch Beobachtungen des Forschers Eberhard Curio am Zipfelfalter Thecla, der in Guayaquil vorkommt. Thecla wirkt mit seinen seitlich hochgebogenen Flügeldecken, die helle Glanzlichter tragen, und den fühlerartigen Fortsätzen an den Flügelenden ähnlich irritierend wie die Langkopfzirpe. Wenn er landet, bewegt er diese falschen Fühler tastend, während er die richtigen stillhält. Und da er sich im Augenblick der Landung blitzschnell umdreht, weisen diese Schein-Aktivitäten in die bisherige Flugrichtung. Beim Auffliegen startet er in die Richtung, aus der er gekommen ist – und täuscht so die Vögel, die beim Insektenfang Flugrichtung und -geschwindigkeit einkalkulieren.

Scheinaktivitäten

Einige Räuber wie Anglerfische oder Säbelzahnfische zielen immer auf die Augen ihrer Beute, die einen, weil ihr Sog nur solche Tiere zuverlässig erfaßt, die nicht mehr imstande sind, gegen den Strom anzuschwimmen, die anderen, weil sie darauf spezialisiert sind, ihren Opfern Hautstückchen aus der weichen und schuppenlosen Augenregion wegzubeißen. Es wäre diesen Räubern gegenüber also vorteilhaft, entweder kein erkennbares Auge zu haben oder ein falsches Auge am Schwanzende zu entwickeln. Tatsächlich kommen solche Tarnungen bei einigen Korallenfischen vor. Diese haben, wie auch in Experimenten nachgewiesen werden konnte, gute Chancen, dem Anglerfisch zu entkommen, weil er sie irrtümlich vom falschen Ende her einzusaugen sucht.

Optische Seitenverkehrung

Welche Funktion die optische Seitenverkehrung bei Raubtieren haben kann, erläutert Wolfgang Wickler in seinem Buch »Mimikry«. Kurz vor dem Sprung auf eine Maus wackeln Katzen mit der Schwanzspitze – nicht vor mühsam unterdrückter Erregung, wie man glauben möchte, sondern offenbar in voller Absicht. »Dasselbe Schwanzzucken«, schreibt Wolfgang Wickler, »kann man am Löwen, aber auch an einigen Eidechsen und Schlangen beobachten ... Das ist vielleicht nicht so unsinnig, wie es zunächst scheint. Das lauernde oder seine Beute vorsichtig beschleichende Tier bewegt sich möglichst unmerklich, bis es nahe genug an der Beute ist, um sie zu erhaschen. Dabei kommt es darauf an, von der Beute unbemerkt zu bleiben. Die meisten Beutetiere aber sind recht argwöhnisch, beachten alles Verdächtige in ihrer näheren Umgebung, vor allem das, was sich bewegt, und fliehen, sobald das sich Bewegende zu nahe kommt; sie bleiben aber in der Regel still sitzen, um sich nicht unnötig zu verraten, solange das verdächtige Etwas sich außerhalb der kritischen Entfernung hält. Ein unbemerkt heranschleichendes Tier, dessen Schwanzende sich bewegt, kann nun mit seinem gefahrbringenden Vorderende längst die kritische Entfernung zur Beute unterschritten haben, während die Aufmerksamkeit der Beute noch immer auf

Zum Schutz vor Feinden haben manche Tiere besondere Täuschungsmanöver entwickelt: Sie passen sich in ihrer Färbung (oben: Bekassine; oben links: Seekröte, links: Nachtfalter) oder Körpergestalt (rechts oben: Spannerraupe; rechte Seite unten rechts: Stabheuschrecke) so weitgehend ihrer Umgebung an, daß sie kaum zu sehen sind. Oder sie profitieren von der Wehrhaftigkeit anderer Tiere, indem sie ihre abschreckende Färbung (rechts: Wespenspinne) imitieren (Mimikry).

Tarnen, täuschen und imitieren

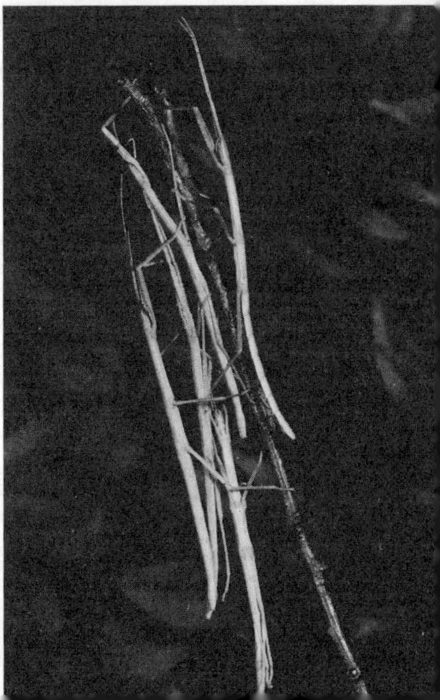

das vorerst in ungefährlicher Entfernung sich bewegende Schwanzende gerichtet ist. So kann ein nervös zuckender Schwanz die Beute so lange ablenken, bis es um sie geschehen ist.«

Vortäuschung zweier Schlangen

Bei Schlangen findet sich eine solche Betonung des Schwanzes nicht nur im Verhalten, sondern auch im Aussehen. Ihr Schwanz ist gelegentlich so gefärbt, als sei er ein Kopf; ist der richtige Kopf daneben unauffällig gestaltet, führt das zu einer Verwechslung von Kopf- und Schwanzende, ist der Kopf aber in gleicher Weise betont wie der Schwanz, kann das die gleiche Verwirrung stiften oder gar die Anwesenheit von zwei Schlangen vortäuschen. Da bisher noch nicht erforscht ist, in welchen Situationen die einzelnen Schlangen von solcher Täuschungsmöglichkeit Gebrauch machen, muß die Interpretation vorläufig offenbleiben.

Nutzen und Schaden der Mimikry

Mimikry, so könnte man zusammenfassend sagen, wird nicht nur zum Schutz vor Freßfeinden oder zur Tarnung gegenüber Beutetieren eingesetzt, sondern begegnet uns in jeder auf Signalfälschung beruhenden Ähnlichkeit, die ein Tier mit einem anderen Tier, mit einer Pflanze oder auch mit einem unbelebten Gegenstand aufweist. Ein noch relativ wenig erforschtes Gebiet stellt die innerartliche Mimikry dar, die teils der Gruppenbindung, teils der Förderung der Fortpflanzung dient. Der Zwergdrachenflosser, ein venezolanischer Fisch, lockt sein Weibchen mit einer Hüpferlingsattrappe an, wenn er es begatten will. Er trägt am Kiemendeckel einen langen Fortsatz mit einem dunklen Knopf am Ende, der dem Hüpferling täuschend ähnlich sieht, und er nutzt den Augenblick, in dem das Weibchen die Beute zu verzehren trachtet, zur Begattung aus.

Übersicht über die verschiedenen Schutzeinrichtungen gegen eine feindliche Umwelt

bedrohte Tierart	Schutzeinrichtung
Rotfeuerfisch	Rückenstacheln mit tödlichem Gift
Schildkröte	bei Gefahr werden Kopf und Beine in Panzer eingezogen
Gliederfüßer	fester Chitinpanzer
Reptilien	Schuppenkleid
Igel	rollt sich zu einem Stachelball zusammen
Schlangen	Gift durch Schlangenbiß
Kröten Feuersalamander	Schutzgifte unter der Haut, die erst durch Biß des Angreifers wirksam werden
Stinktier	Ausspritzen einer übelriechenden Flüssigkeit
Marder Hirsche Antilopen Gazellen	Geweih, Hufe, Schnelligkeit große Schnelligkeit, sehr scharfe Sinnesorgane, die weit entfernte Feinde signalisieren
Schaumzikade	umhüllt sich mit Schaumklumpen
Maskenkrabbe	belädt sich mit Pflanzenteilchen aus der nächsten Umgebung
Eisbär, Schneehase, Wüstenfuchs, Hase, Rebhuhn, Raupen	sind von Natur aus so gefärbt, daß sie sich nicht von ihrer Umgebung abheben
»Wandelndes Blatt«, eine südasiatische Heuschrecke	Farb- und Formähnlichkeit - Körper, Flügel, Beine ähneln grünem Blatt (Mimese)
Chamäleon	können sich durch Farbwechsel der Umgebung anpassen
Feuersalamander	Warnfarben
gebänderte Wespe tropische Schmetterlinge	sehen z. T. ungenießbaren Insekten oder Pflanzenteilen täuschend ähnlich und profitieren von deren Schreckwirkung - Mimikry

Unmittelbar der Fortpflanzung dient auch die Ei-Attrappe, die einige afrikanische Buntbarsch-Männchen auf der Afterflosse tragen. Diese Buntbarsche (Cichliden) sind Maulbrüter, das heißt, die Weibchen sammeln ihre eben gelegten Eier mit dem Maul auf und brüten sie dort aus. Normalerweise nehmen die Weibchen die Eier erst dann ins Maul, wenn sie vom Männchen befruchtet worden sind. Doch die höchstentwickelten Maulbrüter der Gattung Haplochromis lassen sich dazu keine Zeit, sondern sammeln bereits die unbesamten Eier ein. Um trotzdem die Fortpflanzung zu sichern, entfaltet das Männchen vor dem Weibchen seine Afterflosse, auf der orangefarbene Flecken ein Gelege von Eiern vortäuschen, und das Weibchen reagiert darauf mit dem Bemühen, auch diese Attrappen-Eier einzusammeln. Im selben Augenblick samt das Männchen ab, und das nach den vorgetäuschten Eiern schnappende Weibchen bekommt die Spermien ins Maul, wo die bereits eingesammelten echten Eier nunmehr befruchtet werden.

Tarnung bietet Schutz vor Feinden. Die Sandheuschrecke ist in Körperfärbung und Struktur der Flügelzeichnung ihrer Umgebung so gut angepaßt, daß man sie kaum sieht.

Perfekte Tarnung demonstriert auch der Gecko. Manche Arten können sogar die Farbe wechseln: Sie erscheinen nachts dunkler als tagsüber.

Gefärbt wie die Schilfhalme ihrer Umgebung tarnt sich die Rohrdommel auch in ihrer Haltung: Sie vermeidet auffallende Bewegungen und wiegt sich im Rhythmus der Halme.

Das Prinzip der Tarnung benutzt dieser Jäger aus Kamerun, um an seine Beute zu gelangen. Mit dem Vogelkopfaufsatz imitiert er den Futter suchenden Hornraben inklusive seiner Bewegungen.

Kaum Opfer durch Täuschung

Fragt man sich, wem Mimikry nützt und wem sie schadet, so stellt sich heraus, daß nur in den allerseltensten Fällen das nachgeahmte Tier zugleich auch das Opfer der Täuschung ist. Die ungenießbaren Schmetterlinge, die von genießbaren imitiert werden, »erfahren« vermutlich gar nichts von ihren Doppelgängern. Die Truthahngeier, denen sich Buteo albonotatus angepaßt hat, werden durch seine Raubzüge weder direkt noch indirekt behelligt, und die Würmer, denen der Köder der Anglerfische gleicht, profitieren eher von der Täuschung – denn jeder Fisch, der darauf hereinfällt, scheidet als Freßfeind für sie aus. Geschädigt werden in einem ganz allgemeinen Sinne all jene Tiere, die durch Schutz-Mimikry um eines ihrer Beutetiere gebracht werden, und geschädigt werden die Tiere, die sich von Masken, Tierverkleidungen und falschen Lockrufen der Menschen täuschen lassen, die dergleichen bei der Jagd benutzen.

Parasiten und Nahrungsspender

Anpassungskünste von Parasiten

Einen Spezialfall von Mimikry stellen die Anpassungskünste mancher Parasiten dar, die sich – wie bei Wespen und Ameisen – getarnt in einen Insektenbau schmuggeln, um dort an der »sozialen Fütterung« teilzunehmen oder gar die Larven des Gastvolkes zu verzehren. Wenn ein Tier sich nicht selbst an Nahrung oder Nachkommen eines anderen vergreift, sondern »nur« seine auf Schmarotzertum programmierten Eier bei ihm unterbringt, spricht man von Brutparasitismus. Ein Brutparasit ist zum Beispiel der Kuckuck, dessen Weibchen auf eine ganz bestimmte Wirtsvogelart (84 davon sind bisher davon bekannt) spezialisiert ist. Es legt seine etwa zwanzig Eier, die in Form, Farbe und Größe denen der Wirtsvögel genau gleichen, in ebenso viele Nester und vernichtet damit praktisch die Brut von zwanzig Vogeleltern. Denn der junge Kuckuck, der stets vor seinen »Ziehgeschwistern« schlüpft, wirft aufgrund eines ihm angeborenen Verhaltensmechanismus alle nach ihm schlüpfenden Vogelkinder aus dem Nest. Und sollte ihm das einmal mißlingen, so sorgt er doch durch seinen pausenlos geöffneten Rachen und seine »über-optimale« Größe und Färbung (→ S. 34f.) dafür, daß die Gasteltern ihn bevorzugt hochpäppeln.

Auch die afrikanischen Witwenvögel, die als Brutparasiten bei verschiedenen Prachtfinkenarten auftreten, legen jeweils nur ein Ei in das Nest des Wirtsvogels. Ihre Jungen tun den Jungen des Wirtsvogels nichts zuleide, gleichen ihnen aber in bezug auf Schnabelzeichnung, Bettellaut, Bettelhaltung, Jugendgefieder und Verdauungssystem so genau, daß die Wirtseltern keinerlei Unterschied feststellen können.

Larven als Parasiten von Larven

Bei einigen Insekten gibt es Fälle, in denen Larven bereits als Parasiten von Larven auftreten. So sitzt gelegentlich eine Fliegenlarve als »lebendes Halsband« auf einer Ameisenlarve. Sie frißt mit, wenn die Ameisenlarve von ihren Pflegerinnen gefüttert wird. Immer wenn sie hungrig ist, manipuliert sie das Verhalten der Ameisenlarve, indem sie diese zwickt und unruhig macht – ein Signal für die Pflegerinnen, sie von neuem zu füttern.

Kurzflüglerlarven, die gar nicht ameisenähnlich aussehen, sondern am Rücken einen chemischen Stoff ab, mit dem sie sich als Ameisenlarven ausgeben – sie werden von ihren Wirten gefüttert und gepflegt, weil sie noch intensiver betteln als die Ameisenbrut, von der sie sich darüber hinaus ernähren.

Das Gegenstück zu solchen Parasiten sind die sogenannten Trophobionten, »nahrungsspendende Gesellschafter«, wie sie beispielsweise die Blattläuse in bezug auf die Ameisen darstellen.

Da Blattläuse einen zum Kopf relativ riesigen Unterleib haben, der zudem dem Ameisenkopf ähnelt, betrillern ihn die Ameisen. Und die Blattlaus sondert einen »Zuckertropfen« ab – aus Angst.

Literaturhinweis

Wickler, Wolfgang: *Mimikry.* Nachahmung und Täuschung in der Natur, München 1971. – Darstellung verschiedener Mimikry-Arten, Mimese, Angriffs-Mimikry, innerartliche Mimikry – fesselnd geschrieben und sehr gut illustriert.

Blattläuse – Haustiere der Ameisen

Sie gelten als »Haustiere« der Ameisen, weil sie von ihnen gemolken werden, und es sieht ganz so aus, als ob es sich dabei um eine Verwechslung handelte. Blattläuse sehen von hinten so ähnlich aus wie Ameisen von vorn, und da sie nur das Eiweiß des von ihnen aufgenommenen Pflanzensaftes verdauen können, scheiden sie den darin enthaltenen Zucker als Honigtau aus. Der wiederum ist für die Ameisen, die sich überwiegend von tierischen Stoffen ernähren, besonders begehrenswert, und sie suchen ihn den Blattläusen zu entlocken, indem sie deren Hinterleib mit denselben Bewegungen ihrer Fühler »betrillern«, mit denen sie sonst anderen Ameisen den Futtertropfen abverlangen. Nutznießer der Ameisen-Ähnlichkeit dieser Blattläuse sind offenbar nur die Ameisen, und solange sich kein plausibler Grund findet, der die Blattläuse zu ihrer scheinbaren Ameisen-Mimikry bewogen haben könnte, nehmen Verhaltensforscher an, daß es sich hier ausnahmsweise nicht um Mimikry handeln kann.

Bevölkerungskontrolle

In alten Naturkundebüchern kann man lesen, es gebe immer wieder Jahre, in denen Lemminge plötzlich zu Millionen vom Himmel herabregneten, und bis heute gibt es Forscher, die vermuten, daß in den nördlichen Hochmooren, in denen diese kleinen Nagetiere leben, ein geheimnisvolles Fruchtbarkeitsvitamin sich von Zeit zu Zeit in den Flechten anreichere, die ihnen als Nahrung dienen.

Der Hintergrund solcher Spekulationen ist weniger spektakulär: Die Lemminge, ähnlich fruchtbar wie die Kaninchen, verfügen über kein ausgleichendes Element, mit dem sie ihrer Massenvermehrung Einhalt gebieten könnten. Infolge-

Lemminge, die ähnlich fruchtbar wie Kaninchen sind, unternehmen bei Massenvermehrung Wanderungen, um neuen Lebensraum zu suchen.

dessen erreichen sie alle drei bis vier Jahre eine Bevölkerungszahl, die der begrenzte Raum, der ihnen zum Leben zur Verfügung steht, einfach nicht mehr aufnehmen kann. Die Folge sind jene sagenhaften Massenwanderungen der Lemminge, die Millionen von ihnen in den Tod führen. In Nordnorwegen erzählt man sich, in den Lemmingen sei ein Instinkt lebendig, der ihnen befehle, das versunkene Atlantis aufzusuchen oder die Insel Grönland, die in grauer Vorzeit mit Skandinavien verbunden gewesen sein soll. In Nordschweden und Finnland heißt es entsprechend, die Lemminge strebten einem Gebirge zu, das einst dort gewesen sein soll, wo heute die Ostsee ist.

Doch daß die Massenwanderung der Nagetiere so häufig im Meer endet, hängt einfach damit zusammen, daß die einmal aufgebrochenen Lemminge ihre Wanderrichtung stur beibehalten. Bäche, Flüsse und Seen, die im Wege liegen, werden durchschwommen, und vielleicht ist nur die Kurzsichtigkeit der Tiere schuld daran, daß sie am Ufer des Meeres nicht bemerken, daß ihre Reise hier enden muß.

In der Natur gibt es mehrere Regelmechanismen, die die Tierbestände immer wieder auf eine erträgliche Zahl einpendeln lassen.

Schwärme von Wanderheuschrecken fressen teilweise ganze Landstriche kahl. Den Menschen bleibt dann nichts anderes übrig, als fortzuwandern.

Ein ähnliches Phänomen, nämlich den Massenaufbruch von Springböcken, hat man früher in Afrika beobachten können. Unübersehbare Herden sollen Menschen und Tiere mitgerissen haben, wenn sie sich auf der Suche nach neuem Lebensraum gen Süden wälzten, bis sie in der Wüste Namib elend zugrunde gingen. Und auch die Heuschreckenschwärme, die schon zu biblischen Zeiten die Länder rund ums Mittelmeer heimsuchten, kommen früher oder später in Wüsten oder Ozeanen um, weil sie die einmal eingeschlagene Wanderrichtung nicht mehr ändern. Seeleuten sind schon mitten auf dem Atlantik, 3200 Kilometer von Afrika entfernt, Milliardenschwärme von Heuschrecken begegnet, die niemals in Südamerika ankamen.

Programmierter Massenselbstmord ist nur ein Extremfall unter den Verhaltensweisen, mit denen Tiere langfristig dafür sorgen, daß ihre Art erhalten bleibt. Der vorhandene Lebensraum mit seinen Nahrungsquellen setzt der Vermehrung aller Arten natürliche Grenzen. Ein Tier, das den Pflanzen, von denen es lebt, keine Zeit zur Regeneration ließe, wäre bald ebenso vom Untergang bedroht wie ein anderes, das seine Beutetiere bis zur Ausrottung jagte.

Ökologisches Gleichgewicht

Im Laufe der Evolution hat sich durch ständig verfeinerte Anpassungsmechanismen jener Zustand gegenseitiger Abhängigkeit zwischen Tier- und Pflanzenwelt herausgebildet, den wir als ökologisches Gleichgewicht bezeichnen. Und so wie normalerweise die Sättigung einen Organismus dazu bringt, die weitere Nahrungsaufnahme einzustellen, so regeln geheimnisvolle Zusammenhänge die Bevölkerungsdichte in einem der jeweiligen Art zur Verfügung stehenden Gebiet.

Sozialer Streß

Wirkung von Duftstoffen

Mehlkäfer zum Beispiel vermehren sich nicht weiter, wenn mehr als zwei Käfer in einem Vorratslager auf ein Gramm Mehl kommen. Gesteuert wird ihr Verhalten von einer chemischen Substanz, die im Kot der Tiere enthalten ist. Übersteigt sie eine gewisse Konzentration, so vermindert ihr Duft zunächst die Fruchtbarkeit der Weibchen, hemmt etwas später die Entwicklung der Larven und führt schließlich dazu, daß die Weibchen ihre Eier auffressen, unmittelbar nachdem sie sie gelegt haben. Ähnliche Zusammenhänge sind auch bei Schaben nachgewiesen worden. Der mit dem Kot ausgeschiedene Duftstoff wirkt wachstums- und vermehrungshemmend, sobald er eine kritische Konzentration erreicht hat.

Auch im Froschtümpel sorgt ein Duftstoff dafür, daß sich nur so viele Kaulquappen entwikkeln, wie zur Erhaltung der Art nötig sind. Werden kleine Kaulquappen mit zu vielen größeren Geschwistern konfrontiert, geben sie den Kampf ums Dasein frühzeitig auf. Sie fressen nicht mehr und sterben. Dasselbe Phänomen tritt im Experiment auf, wenn man in ein Aquarium zu einer Gruppe kleiner Kaulquappen nur eine einzige größere setzt, ja sogar wenn man nur das Wasser, in dem zuvor einige größere Kaulquappen herumgeschwommen sind, in das Becken der Kleinen gießt.

Besonders sorgfältig untersucht worden sind die Wirkungen, die eine zu große Bevölkerungsdichte auslöst, bei gefangenen Spitzhörnchen. Diese lemurenähnlichen Halbaffen gehören ihrer anatomischen Merkmale und des Feinbaues ihres Gehirns wegen zu den Primaten, sehen aber eher wie Eichhörnchen aus. Hält man zu viele von ihnen in einem Gehege, läßt sich der soziale Streß, unter den sie sofort geraten, an ihren gesträubten Schwanzhaaren und einer auffälligen Häufung

Der Papagei rechts im Bild wurde ein Opfer von sozialem Streß: In einem zu dicht besetzten Käfig hat er sich selbst die Federn ausgerissen.

aggressiven Verhaltens ablesen. Doch das sind nur äußere Merkmale. Die weiterreichenden Veränderungen spielen sich im Inneren der Tiere ab. Zunächst verlangsamt sich das Wachstum der Jungen, dann beginnen sich die Alten zu »neutralisieren«, indem sie ihre Geschlechtsfunktionen mehr und mehr abbauen. Bei erwachsenen Männchen wandern die Hoden in die Bauchhöhle zurück, die sie bei Jungtieren unter Streß gar nicht erst verlassen. Bei Weibchen wird die Funktion der Milchdrüsen beeinträchtigt, und ihre zum Duftmarkieren dienende Sternaldrüse sondert kein Sekret mehr ab, so daß die nicht mehr zu markierenden Neugeborenen schutzlos allen Käfiginsassen zum Fraß ausgeliefert sind, ihren eigenen Müttern ebenso wie hungrigen Nachbarn.

Sozialer Streß

Steigt der Streß noch weiter an, werfen die Weibchen überhaupt keine Jungen mehr und benehmen sich wie Männchen, indem sie zum Beispiel auf andere Tiere aufreiten. Bei Wildkaninchen, Ratten und Mäusen lösen sich die Embryonen im Mutterleib auf, sobald sozialer Streß ihnen das Leben schwermacht, und zwar zuerst bei rangniederen Jungtieren, die noch wenig Rückhalt in einer gesicherten Rangposition gefunden haben. Daß die Fortpflanzung überhaupt an Lebensalter, Rang und Revierbesitz gebunden ist, kennen wir von zahlreichen Tieren, den Menschen eingeschlossen. Der schottische Zoologe Vero Copner Wynne-Edwards geht sogar so weit zu behaupten, daß es primär solche bevölkerungspolitischen Maßnahmen der Tiere selbst und nicht Faktoren wie Nahrungsmangel oder starke Verminderung durch Freßfeinde sind, die eine Population zahlenmäßig im Gleichgewicht halten.

Natürliche und soziale Ausleseverfahren

Ein Beispiel dafür bietet das Verhalten der Moorhähne, das der Professor aus Aberdeen mit einem Team von anderen Forschern untersucht hat. Von einer Gruppe von hundert Moorhähnen im schottischen Hochland zeigten weniger als die Hälfte, nämlich vierzig Tiere, das Maß an Lebensfreude, Stimmgewalt und Fruchtbarkeit, das man von einem gesunden Hahn erwartet. Diese vierzig waren im Besitz eines eigenen Reviers, in dem ihre Weibchen brüteten und Junge aufzogen – die sechzig Revierlosen dagegen blieben Randexistenzen, ewig unterdrückt, freudlos, anfällig für Krankheiten und Unglücksfälle. Die Lebenserwartung der sechzig war wesentlich geringer als die der vierzig Etablierten. Von ihnen kamen im Beobachtungszeitraum zwölfmal soviele um wie von den Revierbesitzern. Ihr einziger Daseinszweck war der, als Ersatzmann einspringen zu können, wenn ein Revierbesitzer ausschied.

Randexistenzen

Ganz ähnlich geht es bei den ebenfalls von Vero Copner Wynne-Edwards untersuchten Baßtölpeln Neufundlands zu. Und bei ihnen wird deutlicher als bei den Moorhähnen, was ihre Zahl in Grenzen hält – nämlich der zum Brüten vorgese-

hene Raum. Baßtölpel brüten in Kolonien auf einem ganz bestimmten Felsen, zu dem sie Jahr für Jahr zurückkehren. Nur wer hier im Frühjahr ein Nest erobert – und das sind zunächst einmal die stärkeren Männchen mit den älteren Rechten und dem entsprechend überlegenen Selbstbewußtsein –, darf Hochzeit halten und Junge aufziehen. Wer da zu spät kommt oder sich nicht behaupten kann, muß mit einem Platz auf einem Nachbarfelsen vorliebnehmen. Und obwohl auch dort beide Geschlechter zusammenleben und theoretisch genausogut Nester bauen und sich paaren könnten, tun sie's nicht, offenbar weil das lokale und gesellschaftliche Abseits sich dämpfend auf ihr Triebleben auswirkt.

Baßtölpel brüten in Kolonien auf bestimmten steilen Felsen, zu denen sie jedes Jahr zurückkehren. Nur wer hier im Frühjahr ein Nest erobert hat, darf Hochzeit halten.

Die freiwillige Selbstbeschränkung, die viele Tiere sich hinsichtlich ihrer Fortpflanzung auferlegen, wird durch natürliche und soziale Ausleseverfahren ergänzt, von denen schon an anderer Stelle (→ S. 97 ff.) die Rede war. Daß nicht immer nur Krankheit oder Schwäche des Nachwuchses, Nahrungsmangel oder sozialer Streß als Auslöser dafür in Frage kommen, kann man an den Kegelrobben erkennen, die auf den Farne-Inseln vor

der englischen Nordseeküste ihre Jungen zur Welt bringen und aufziehen. Sie tun das ohne erkennbare Not unter so beengten Verhältnissen, daß regelmäßig viele Jungtiere kurz nach der Geburt den Tod finden – sei es, daß sie von Erwachsenen erdrückt werden, sei es, daß sie im Gedränge ihre Mutter verlieren und verhungern müssen. Dabei gäbe es genügend Inseln in der Nähe, auf denen die Kegelrobben ihre Kinder ohne solche Verluste großziehen könnten. Dr. J. C. Cowlson und Grace Hickling von der Durham Universität, die sich mit diesem Phänomen beschäftigt haben, halten das für eine vorbeugende bevölkerungspolitische Maßnahme. Die Fischgründe der Robben reichen eben gerade für so viele, wie auf den Farne-Inseln Platz finden – und schon ein paar hungrige Mäuler mehr könnten leicht die Lebensgrundlage aller vernichten.

Bevölkerungspolitische Maßnahmen

»Jugendwanderlust«

Begrenzung des Nachwuchses ist zwar die häufigste, aber nicht die einzige Methode, einer drohen-

Diese Kegelrobben haben eine geräumige Sandbank zum Rasten gefunden. Im Nordatlantik und in der Ostsee sind sie recht häufig zu finden.

den Bevölkerungsexplosion zu begegnen. Kurzflügelige Arten von Laubheuschrecken bilden, wie Dr. Karl Sänger vom Zoologischen Institut der Universität Wien entdeckt hat, in hohen Bevölkerungsdichten auf bisher ungeklärte Weise plötzlich lange Flügel aus und halten damit den Nachbarn auf Distanz. Und in zahlreichen höheren Tieren erwacht, sobald sie auf eigenen Beinen stehen oder mit eigenen Flügeln fliegen können, die sogenannte »Jugendwanderlust«, die sie aus dem elterlichen Heim in die Fremde treibt, wo sie sich so lange in Abenteuern erproben können, bis sie in noch unbesiedelten Regionen ein eigenes Revier erobern.

Eroberung eigener Reviere

So verlassen zum Beispiel Jungreiher ihre Geburtskolonien, bevor die Alten in ihre angestammten Winterquartiere aufbrechen. Sie fliegen sternförmig in verschiedene Himmelsrichtungen und schauen sich die Gegend an, um vielleicht schon einen Nistplatz für das kommende Jahr auszukundschaften. Dann erst drehen sie in Richtung Winterquartiere ab, wo sie einträchtig mit Eltern und Geschwistern leben, ehe sich im nächsten Frühjahr ihre Wege zumindest für die Brutsaison

Junge Störche müssen erst ein Nest bauen, bevor sie mit der Fortpflanzung beginnen können. Alte Nester werden in der Regel von den Altvögeln erfolgreich verteidigt.

trennen. An Störchen hat man das in gleicher Weise beobachtet. Das Vorjahresnest beansprucht und verteidigt in aller Regel erfolgreich der Altvogel; junge Störche müssen selber bauen oder mit der Fortpflanzung warten, bis sie ein freies Nest finden.

Unter natürlichen Umständen wirkt das Jugendwandern als Regulativ, das der Übervölkerung vorbeugt, die Art gleichmäßig über den bewohnbaren Raum verteilt und Inzucht verhindert. Doch wenn dem in Aufbruchstimmung geratenen Jugendlichen keine Möglichkeit zur Distanzierung, zur Selbsterprobung und zur Selbstverwirklichung offensteht, kann sich die Dynamik solchen Antriebs leicht in Aggression oder Depression umwandeln.

Es müssen nicht immer Gitter und Grenzen räumlicher Art sein, die ein Individuum an seiner freien Entfaltung hindern. Ein erschreckendes Experiment, das der Wiener Professor Otto Koenig auf dem Wilhelminenberg durchgeführt hat, beweist, daß auch Sicherheit und Wohlstand zu einem Käfig werden können, in dem lebenswichtige natürliche Antriebe verkümmern und soziales

Verhalten so weitgehend degeneriert, daß es zum völligen Zusammenbruch aller verbindlichen Verhaltensregeln kommt.

Die Wohlstandskolonie

Auf dem Gelände der Biologischen Station Wilhelminenberg siedelte Otto Koenig eine kleine Kolonie von Kuhreihern an, geschützt vor klimatischen Unbilden und wohlversorgt mit Nahrung, und beobachtete ihre Entwicklung, und was er sah, hat er in seinem Buch »Das Paradies vor unserer Tür« wie folgt beschrieben:

»Die vorerst kleine Kolonie entwickelte sich recht gut. Jedoch schon im dritten Zuchtjahr sollten wir Überraschungen erleben. Von nun an verließen die Jungen nicht mehr ihre Eltern, sondern blieben bei ihnen, ließen sich weiterhin füttern, statt selbständig zu werden; ja sie gründeten selbst im Alter von einem Jahr keinen eigenen Hausstand, sondern bauten – gemeinsam mit den Eltern – einen Horst und brüteten kollektiv. Es standen nun drei, bisweilen auch fünf Vögel an einem Horst und benahmen sich genauso, als wären sie nur ein Ehepaar. Keiner war auf den anderen eifersüchtig, keiner versuchte, eine Paarung zu verhindern; ja, es schien sogar, als verliefe durch die Vielfalt der Stimmungen der verschiedenen Vögel alles viel intensiver. Es wurde mehr gegrüßt, mehr gebalzt, und das Kommen und Gehen wurde eigentlich nur während der großen Ruhepause mittags und in der Nacht unterbrochen.

Mehr Weibchen produzierten mehr Eier. Statt der normalen Vierergelege gab es sechs oder acht Eier in den Horsten. Allerdings wollten nun auch mehr Vögel hudern, d.h. sie versuchten, die Eier mit ihren Flügeln zu bedecken. Es wurde viel häufiger abgelöst, und oft brüteten zwei Kuhreiher übereinander, ja manchmal schob sich noch ein

Otto Koenig, der in Wien die »Biologische Station Wilhelminenburg« gründete, bezieht in seine Untersuchungen an Tieren immer den Menschen mit ein.

dritter daneben. Selbstverständlich wurden in der Folge die Eier öfters gerollt, und bei dem ganzen Getue fiel auch öfters mal eines auf den Boden. Auf diese Weise verringerte sich die Zahl zusehends. In einigen Horsten blieben am Ende nur zwei. Auch die Jungen hatten es beim Schlüpfen, infolge der allgemeinen Unruhe, viel schwerer. Denn die vielen ›Eltern‹ kümmerten sich zu sehr um die Eier, jeder wollte unbedingt etwas betreuen. Da später auch jeder Altreiher füttern wollte, bekamen die Kinder zuviel Nahrung, waren ständig satt, bettelten nicht und hockten nur gelangweilt in den Nestern herum.

Krach mit den Nachbarn

Schon bald machte auch vielen Eltern die Betreuung keine besondere Freude mehr. Sie saßen herum, hatten zuwenig zu tun. Das einzige, was sie noch in Schwung bringen konnte, war Krach mit den Nachbarn. Dann wurden die Federn aufgestellt, die Flügel ausgebreitet, und man drohte einander unter symbolischen Schnabelhieben wütend an. Häufiger kam es auch zu echten Schlägereien, wobei manche Vögel einander derart rücksichtslos attackierten, daß die Federn nur so flogen. In freier Wildbahn besteht in solchen Fällen die Möglichkeit gegenseitigen Ausweichens.«

Das Resümee, das Professor Koenig aus seinen jahrelangen Erfahrungen mit seinen Versuchstieren zieht, klingt deprimierend:

»Wir hatten unseren Kuhreihern, vom Brutplatz angefangen über Nistmaterial, Trink- und Badewasser bis zur vitaminmäßig restlos ausgeklügelten Nahrung, alles gegeben, was sie brauchten ... Sie lebten in einer ›Sozialvoliere‹ bester Konstruktion und hatten nichts zu tun. Also kam es zu Vielehen, Raufereien, ja sogar zu Vergewaltigungen von Nachbarinnen und kleinen Reiherkindern. Es war eine Wohlstandskolonie mit kompletter Wohlstandsverwahrlosung entstanden.«

Wenn sich dem einen oder anderen Leser angesichts solcher Formulierungen Vergleiche mit menschlichen Verhaltensweisen aufdrängen, so ist das kein Zufall, sondern vom Autor durchaus beabsichtigt. Otto Koenig ist nicht der einzige Verhaltensforscher, der den Menschen in seine Untersuchungen einbezieht und mit begründeter Sorge auf Entartungserscheinungen hinweist, die in Tiergesellschaften regelmäßig katastrophal enden. Der Mensch ist von Natur aus kein Massenwesen, und nichts spricht dafür, daß er mit den Problemen der Übervölkerung, die unaufhaltsam auf ihn zukommen, besser fertig wird als die Tiere seiner engeren Verwandtschaft – wobei an Fragen der Nahrungsbeschaffung oder Energieversorgung noch gar nicht gedacht ist, sondern nur an die Einengung seines Lebensraumes und den Zwang, mit immer mehr anonymen Mitmenschen Nahrung, Wohnraum, Arbeit, Beförderungsmittel und Freizeiteinrichtungen teilen zu müssen. »Solange die Dichte erträglich ist«, schreibt Professor Paul Leyhausen, »tragen Opfer für eine gemeinsame Sache auf irgendeine Weise ihren Lohn in sich selbst und helfen so mit, das Leben des einzelnen mit Sinn und auch Glück zu erfüllen. Nimmt jedoch die Bevölkerungsdichte über das tragbare Maß hinaus zu, so steigen die Forderungen des Gemeinwohles steil an, und was dem Individuum genommen wird, ist für alle verloren.«

Von Natur aus kein Massenwesen

Nicht nur die Tiere haben es schwer, mit der Überbevölkerung fertig zu werden, noch komplizierter stellt sich dieses Problem den Menschen.

Wie frei ist der Mensch?

Die Freiheit des Menschen, unabdingbare Grundlage aller moralischen, religiösen oder politischen Handlungsfähigkeit und von Menschen aller Zeiten und Kulturen als höchst erstrebenswertes Gut geschätzt, ist naturwissenschaftlich überhaupt nicht faßbar. »Welche Lebewesen Freiheit haben«, schreibt Wolfgang Wickler in einem Essay über die menschliche Willensfreiheit, »ist naturwissenschaftlich nicht festzustellen, auch nicht mit Hilfe irgendwelcher Hilfskriterien; je besser diese Hilfskriterien naturwissenschaftlich faßbar sind, desto weniger tauglich sind sie als Kriterien der Willensfreiheit. Für Willensfreiheit ist keine Lücke in der naturwissenschaftlich erforschbaren Kausalkette zu finden.«

Überlieferte Grundsätze

Das bedeutet nicht viel hinsichtlich der Existenz von Willensfreiheit – es sei denn, ein extrem skeptischer Mensch stellte sich auf den Standpunkt, für ihn existiere nur, was wissenschaftlich beweisbar sei. Die überwiegende Mehrheit aller Menschen läßt sich dagegen in Weltanschauung und Verhalten eher von überlieferten Grundsätzen leiten, die geglaubt werden müssen, um wirksam zu werden.

Es ist also letztlich »Ansichtssache«, ob man den Menschen für frei (und damit zugleich für verantwortlich und schuldfähig) hält oder ob man in ihm einen von inneren Antrieben und Umweltzwängen gesteuerten Organismus erblickt. Die unglaubliche Vielfalt menschlicher Kulturen scheint zwar eher für ein gewaltiges Freiheitspotential zu sprechen, doch zeigt sich andererseits eine so weitgehende Übereinstimmung in den grundlegenden Verhaltensweisen von Angehörigen verschiedener Menschenrassen und Gesellschaften, daß wir gezwungen sind, darin die Auswirkungen eines allen gemeinsamen, ererbten Verhaltensprogrammes zu sehen. »Der vorprogrammierte Mensch« heißt denn auch – etwas herausfordernd, aber durchaus folgerichtig formuliert – ein Buch von Irenäus Eibl-Eibesfeldt, der sich wie kaum ein anderer Verhaltensforscher speziell dem kulturenvergleichenden Studium menschlichen Verhaltens widmet. Von Reisen durch Afrika und Südamerika, durch Australien und die Südsee hat er zum Teil in Gemeinschaftsarbeit mit Hans Hass entstandene filmische Dokumentationen menschlichen Verhaltens heimgebracht, die von den einfachsten Gesten und Gesichtsausdrücken bis zu komplizierten Zeremonien reichen und beweisen, daß die Barrieren zwischen den Völkern mit ein wenig gutem Willen durchaus zu überwinden wären.

Vergleiche menschlichen Verhaltens

Der Film als wissenschaftlicher Helfer

Verhaltensforscher arbeiten besonders gern mit Filmen, weil sie damit der Forderung nach wissenschaftlicher Objektivität am nächsten kommen. Nur der Film bietet die Möglichkeit, nachträglich Einzelheiten in einem Bewegungsablauf zu entdecken, die der Aufmerksamkeit des Beobachters vielleicht entgangen sind. Es gehört zu den Eigenarten der menschlichen Wahrnehmung, daß sie sich auf das konzentriert, was im Augenblick ihr Interesse erweckt. Wenn zehn Menschen an einem schönen Mädchen vorbeigehen und hinterher schildern sollen, was sie wahrgenommen haben, dann wird wahrscheinlich jeder etwas ande-

res gesehen haben, und kaum einer wird imstande sein, das Mädchen in allen Einzelheiten zu beschreiben. Der eine achtet auf die Augen und der andere auf die Beine, und wieder ein anderer interessiert sich vielleicht nur dafür, ob sie einen Ring trug oder nicht. Fragt man noch danach, wie die Haustür aussah, vor der das Mädchen gestanden hat, ist es mit der Erinnerungsfähigkeit der meisten Testpersonen vollends vorbei.

Die Bereitschaft, sich einem bewunderten Führer oder einer großen Idee unterzuordnen, beruht auf Grundlagen, die allen Menschen angeboren sind. Daraus kann sowohl eine Verführung zum Krieg als auch die Liebe zum Frieden erwachsen.

Natürlich kann ein Verhaltensforscher sein Beobachtungsvermögen schulen und Einzelheiten wahrnehmen, die dem Ungeübten entgehen. Trotzdem kann man die Möglichkeit nicht ausschließen, daß direkte Menschenbeobachtung das Ergebnis verfälscht, sei es, weil der Beobachter zu subjektiv auswählt, oder sei es, daß der Beobachtete sein Verhalten ändert, wenn er merkt, daß er beobachtet wird.

Hans Hass, der auf Filmreisen feststellte, wie schwer es ist, menschliches Verhalten zu dokumentieren, entwickelte dafür ein Spezialobjektiv.

Die meisten Menschen lassen sich nicht gerne intensiv anschauen und schon gar nicht fotografieren. Sie fühlen sich einfach unbehaglich in ihrer Haut, wenn sie merken, daß ein anderer mit seiner Kamera auf jede ihrer Bewegungen achtgibt. Merkwürdigerweise gilt das auch für Menschen, die noch nie zuvor eine Kamera gesehen haben. Sie verkrampfen sich, sobald sich ein Objektiv auf sie richtet, unterbrechen ihr Gespräch oder ihre jeweilige Tätigkeit, verfallen in gekünstelte und gehemmte Bewegungen. Vermutlich ist es das »Glasauge«, das ihnen bedrohlich vorkommt.

Mit Hilfe einer genialen Erfindung von Hans Hass ist es inzwischen möglich geworden, Menschen zu filmen, ohne daß sie es überhaupt merken. Er entwickelte Objektiv-Attrappen, die der Kameralinse vorgeschaltet werden. Sie haben ein seitliches Fenster, und durch ein Prisma werden die Lichtstrahlen um 90 Grad abgelenkt, so daß man nach der Seite filmen kann.

Der Wert der auf solche Art entstandenen Aufnahmen zeigt sich oft erst, wenn man sie hinterher – eventuell in verändertem Zeitablauf – betrachtet. Gesetzmäßigkeiten, die einem bei normaler Beobachtung gar nicht auffallen, treten auf einmal klar zutage. So entdeckte Hans Hass, als er Aufnahmen von einer westsamoanischen Insel betrachtete, daß Menschen, vor allem wenn sie allein sind, beim Essen immer wieder kurz aufschauen und um sich blicken – eine Bewegung, die wir bei Tieren als »Sichern« bezeichnen, weil sie das fressende Tier vor einem überraschenden Angriff bewahren soll.

Bis in die moderne Zeit und in absolut raubtiersichere Restaurants hinein hat sich diese uralte Erbkoordination beim Menschen erhalten, und wer diesen unbewußten Mechanismus kennt, wird ihn mühelos immer wieder entdecken, wenn er Menschen beim Essen beobachtet, genauso wie er

Mit Objektiv-Attrappen ist es möglich, Menschen unbemerkt zu filmen. Sogar die scheuen Pgymäen lassen sich auf diese Weise bei der Jagd aufnehmen.

plötzlich einen Blick dafür bekommt, daß Lokalbesucher sich mit einer seltsamen Regelmäßigkeit die Tische aussuchen, die an den Wänden entlang oder in kleinen Nischen angeordnet sind, während die Plätze in der Mitte des Raumes bis zuletzt frei bleiben.

Von Zwängen gesteuert

Die scheinbar freie und unbeeinflußte Platzwahl ist also bei genauerem Hinsehen durchaus nicht frei, sondern von Zwängen gesteuert, die der einzelne meist weder spürt noch anerkennt, wenn man ihn darauf hinweist. Das gilt in gleicher Weise für andere, scheinbar freie Entscheidungen, die nur deshalb so genannt werden können, weil die ihnen zugrunde liegenden Zusammenhänge unbewußt bleiben. Wer sich einen Ehepartner aussucht, der im Aussehen genau zu ihm paßt – Genetiker sprechen hier von einer Bevorzugung ähnlicher Partner, von »Homogamie« oder »assortativer Paarung« –, wird trotzdem kaum zugeben, daß das Vorbild von Vater oder Mutter entscheidend zu seiner Wahl beigetragen habe.

Homogamie

Und wer, von psychologisch geschickter Werbung beeindruckt, ein bestimmtes Auto oder Waschmittel kauft, macht sich normalerweise nicht klar, daß er dabei unter Zwang gehandelt hat. Wie stark sich Menschen von Vorbildern beeinflussen lassen, hat Hans Hass mit einem Film dokumentiert, den er in einem indischen Tempel aufnahm. Er beschreibt diese Szene in seinem Buch »Wir Menschen«:

»Die Pilger kamen in verschiedenen Abständen – sie berührten eine bestimmte Stelle an der Rückwand des Tempels mit erhobenen Händen und mit der Stirne –, und wenn sich einer bei seiner Verbeugung drehte, dann drehten sich die Nachfolgenden ebenfalls. Kam dann einer, der sich nicht drehte, dann zog das wieder eine Kette von Nachfolgenden, die sich ebenfalls nicht drehten, nach sich ... Wir haben dann ähnliche Vorgänge auch an anderen Plätzen festgehalten. Nur indem man Hunderte von Menschen in schneller Folge das Gleiche ausführen sieht, wird deutlich, welchen Einfluß das Verhalten des einen auf das der anderen ausübt.«

Der Mensch ist als »Lernwesen«, das weit länger als die meisten Tiere neugierig, flexibel und lernfähig bleibt, auf die Nachahmung von Vorbildern angewiesen. Nur die ständige Anpassung an Aussehen und Verhaltensweisen anderer Menschen ermöglicht ein einigermaßen harmonisches Zusammenleben in jenen Bezugsgruppen, ohne die ein Mensch kaum lebensfähig wäre.

Das beginnt in der Familie, in die das Kind hineingeboren wird und von der seine gesamte spätere Existenz abhängt. Hier findet es nicht nur Schutz, Ernährung und Pflege, sondern erfährt, wie sich im Geben und Nehmen, im Austausch von Gesten und Worten und in der Befolgung verbindlicher Regeln Standpunkte einnehmen lassen, die sein Selbstbewußtsein und seine soziale Position entscheidend beeinflussen. Wie wichtig diese ersten Monate und Jahre in familiärer Gesellschaft sind, erweist sich besonders kraß an Kindern, denen diese Basis fehlt.

Verhaltensweisen isolierter Kinder

Schon im 7. Jahrhundert vor Christus soll der ägyptische König Psammetich Kinder ihren Müttern weggenommen und von Ziegen haben säugen lassen, um zu erfahren, ob sie eine andere als ihre Muttersprache mit auf die Welt brächten. Sein Experiment scheiterte ebenso wie das des Hohenstaufenkaisers Friedrich II. im 13. nachchristlichen Jahrhundert. Auch er wollte die natürliche Sprache des Menschen erforschen und ließ deshalb Kinder in einem Säuglingsheim aufziehen, das die besten hygienischen Bedingungen bot, die zu jener Zeit überhaupt vorstellbar waren – aber eben keinerlei Ansprache durch die Pflegerinnen. Die Versuchsobjekte zeigten jedoch nur geringen Lebenswillen, kümmerten dahin und starben schließlich, ohne je ein Wort gesprochen zu haben. Sie litten, wie Untersuchungen an Menschen- und Affenkindern in unserem Jahrhundert eindeutig ergeben haben, an ihrer Isolation und vor allem am Mangel mütterlicher Zuwendung – einem jener Phänomene, die sich mit naturwissenschaftlichen Methoden allein nicht erfassen lassen.

Mangel an mütterlicher Zuwendung

Insofern ist das gelegentliche Auftauchen sogenannter »Wolfskinder« im Kreise nichtsahnender und schockierter Zivilisationsmenschen doppelt erstaunlich. Ein Kind, das als Säugling seine Mutter verliert und nicht von anderen Menschen adoptiert wird, ist nicht lebensfähig, und wo immer behauptet wird, ein solches Wesen sei von Wölfen (oder anderen Tieren) gesäugt und großgezogen worden, handelt es sich entweder um einen Mythos oder ein Märchen.

»Wildkinder«

Trotzdem gibt es, wie der französische Sozialpsychologe Lucien Malson in seinem Buch »Die wilden Kinder« auflistet, von 1344 bis 1961 eine Reihe von insgesamt 53 verbürgten Fällen, in denen isoliert oder in Gesellschaft von Tieren aufgewachsene Kinder entdeckt und mehr oder weniger gründlich untersucht worden sind. Der hessische Wolfsjunge von 1344 steht am Anfang der von Malson veröffentlichten Liste, in der neben vier weiteren Wolfskindern vier Bären-, zwei Panther-, Leoparden-, Gazellen- und Schweinekinder genannt werden, dazu je ein Schafs-, Kalbs- und Affenkind, von den berühmteren Wildkindern wie Kaspar Hauser oder Victor, dem »Wilden von Aveyron«, ganz zu schweigen.

Sie alle wirken wie Idioten, bewegen sich – von wenigen Ausnahmen abgesehen – auf allen vieren, können nicht sprechen und lernen es auch fast nie. Sie sind merkwürdig unempfindlich gegen Hitze und Kälte, wehren sich gegen Kleidung, lieben die Einsamkeit oder fühlen sich sehr viel stärker zu Tieren als zu Menschen hingezogen. Immer wieder wird ihr außerordentlich feiner Geruchssinn erwähnt, ihr scharfes Gehör – und die Tatsache, daß helles Licht bei ihnen Augenentzündungen hervorrufe oder daß sie unfähig seien, perspektivisch richtig zu sehen. Auffällig ist auch die sexuelle Gleichgültigkeit der Wildkinder und ihre Unfähigkeit, sich dauerhaft an einen anderen Menschen zu binden.

Der »Wilde von Aveyron« verabscheut die Zivilisation, bewegt sich gern auf allen vieren und ist recht unempfindlich gegen geruchliche und akustische Reize.

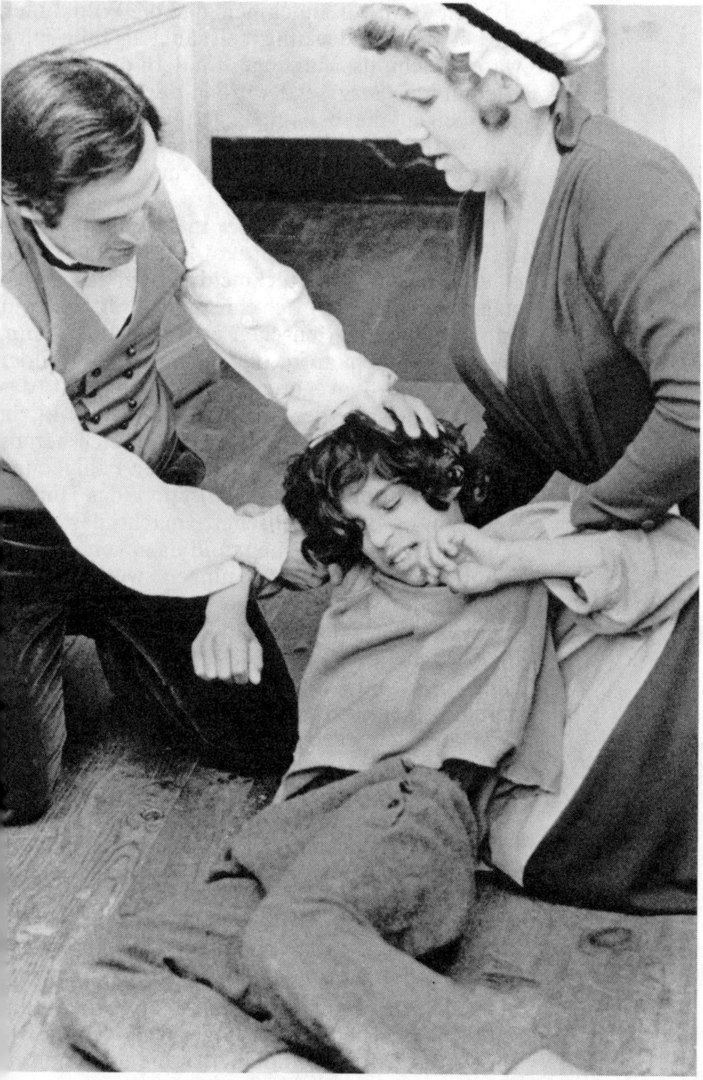

Auch wenn wir annehmen, daß die Wildkinder, die bei ihrer Entdeckung meist älter als zehn Jahre waren, nicht als Säuglinge, sondern allenfalls als Kleinkinder ausgesetzt wurden oder verlorengingen, zeigen die bei ihnen gefundenen Defizite, daß es ständiger sozialer Kontrolle und Bestätigung bedarf, wenn sich typisch menschliche Verhaltensweisen entwickeln sollen.

Ohne Gemeinschaft kein Mensch

Ein Kind, das allein oder in Gesellschaft von Tieren aufwächst, lächelt und lacht nicht – denn es erfährt keinerlei Rückmeldung auf solche sozialen Signale. Es spricht nicht, weil Sprache nur im Umgang mit Menschen erlernt werden kann, und es geht nicht aufrecht, weil ihm die Vorbilder für diese Fortbewegungsart fehlen. Es gibt, das wird am Beispiel der »wilden« Kinder deutlich, keinen Naturmenschen, der ganz aus sich heraus imstande wäre, die in ihm angelegten Fähigkeiten zu entwickeln. Erst die Sozialisation, das Hineinwachsen in die Gesellschaft, macht das Menschenkind zum Menschen, und dazu gehören angeborene Ausdrucksbewegungen wie Lächeln, Betteln oder Weinen ebenso wie jene Signale, die sich von einer Kultur zur anderen unterscheiden: die Sprache, die Gestik, das weite Feld der Umgangsformen, die nicht nur der Verständigung innerhalb einer Gruppe von Menschen dienen, sondern zugleich dazu beitragen, sie von anderen Gruppen abzugrenzen.

Lächeln ist angeboren!

Angeboren sind dem Menschen vor allem die Grundlagen für soziales Verhalten, nicht die Verhaltensweisen im einzelnen. Ein Menschenkind, sei es schwarz oder weiß oder gelb von Geburt, unterscheidet noch nicht, ob ihm ein schwarzes, weißes oder gelbes Gesicht entgegenlächelt – Hauptsache, da ist überhaupt ein Gegenüber, das lächeln und trösten kann, Hunger stillen und Tränen trocknen. Ein Chinesenkind kann ebensogut von afrikanischen Eltern aufgezogen werden wie ein weißes Baby von Indianern – die Probleme er

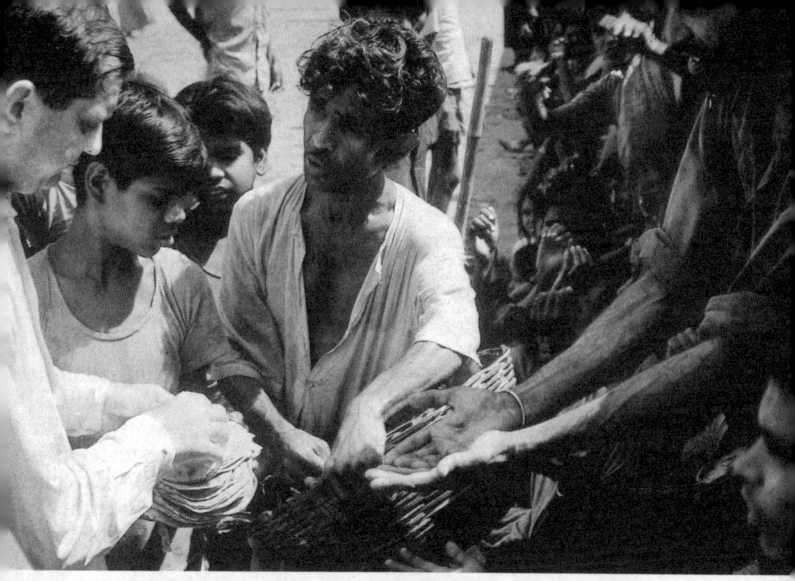

geben sich immer erst dann, wenn die Zuwendung provozierenden Kindchen-Signale in ihrer Wirkung nachlassen und der Heranwachsende trotz aller kulturellen Übereinstimmung rein äußerlich als Fremdling zum Außenseiter wird.

Das Betteln gehört zu den angeborenen Signalen, die jeder Mensch versteht.

Wie lange noch?

Der Mensch hat es als Kulturwesen immer wieder verstanden, sich mit Hilfe technischer, wirtschaftlicher und sozialer Errungenschaften von Zwängen zu befreien, die ein Naturwesen als gegeben hinnehmen muß. Er hat zudem die Möglichkeit, sich seiner Antriebe bewußt zu werden, sich von ihnen zu distanzieren oder sich sogar über sie hinwegzusetzen. Er kann seinen angeborenen Ekel vor krankhaften Veränderungen der Haut, vor blutigen Wunden oder Erbrochenem überwinden und sich entschließen, Arzt zu werden. Er kann sich daran gewöhnen, Angehörige fremder Rassen und die Außenseiter seiner eigenen Gesellschaft als Menschen zu betrachten, und er kann sich so weit von seinen natürlichen Bedürfnissen entfernen, daß er einem Ideal zuliebe als Einsiedler lebt, zur Durchsetzung politischer Forderungen in den Hungerstreik tritt oder den Weltrekord im Kopfstehen zu brechen sucht, um berühmt zu werden.

Es gibt kein Klima, an das sich der Mensch im Laufe seiner Entwicklung nicht angepaßt hätte, kein Element, in dem er sich nicht zu behaupten wüßte. Doch je mehr sich der Mensch von den Fesseln befreit, die ihm aller Anpassungsfähigkeit zum Trotz noch verblieben sind, desto mehr gefährdet er sich und andere. Die alten Griechen nannten die zur Maßlosigkeit neigende Selbstüberschätzung des Menschen Hybris und waren überzeugt davon, daß die Götter solchen Frevel nicht dulden würden. In unserer Zeit werden andere Vokabeln benutzt, und auch wer von strafenden Göttern nichts hält, macht sich angesichts verschmutzter Flüsse und Meere, verödeter Landstriche, vergifteter Tiere und kranker Menschen allmählich Gedanken darüber, wie lange die Umwelt dem zerstörerischen Wirken des Menschen noch standzuhalten vermag.

Durch Befreiung zum Zerstörer

Die Mechanismen, die das Verhalten der meisten Tiere steuern, sind beim Menschen nur in Resten vorhanden, auf die man sich nicht wirklich verlassen kann. Kulturelle Normen ersetzen oder überlagern das Instinktgefüge, das von der Nahrungsbeschaffung über die Fortpflanzung bis zur Aufzucht der Kinder zu regeln hätte, was den Bedürfnissen des einzelnen und zugleich der Arterhaltung dient. Die Fülle der Möglichkeiten, die dem Menschen hier offenstehen, kann ebenso als Chance wie als Gefahr verstanden werden. Je größer die Freiheit, desto schwieriger ist es, Entscheidungen rechtzeitig und richtig zu treffen.

Biologische Grundlagen kultureller Normen

Als Nikolaus zwei Jahre alt war, fing er an, fremden älteren Damen, die ihn auf der Straße freundlich ansprachen, die Zunge herauszustrecken. Auf die entsetzte Frage seiner Eltern, was das um Himmels willen solle, antwortete er: »Die kenne ich doch gar nicht, die sind blöd.«

Dies Verhalten eines Kindes, das gerade erst gelernt hat, »ich« zu sagen, weist merkwürdige Parallelen auf zu der Fremdenangst und Fremdenfeindlichkeit der meisten menschlichen Gesellschaften, von archaischen Dorfgemeinschaften in Neuguinea bis zu den industrialisierten Massengesellschaften, die vor allem die Nordhalbkugel der Erde bevölkern. Die Ablehnung des Fremden, die meist um so krasser ist, je weniger man ihn kennt, führt zu den absurdesten Verdächtigungen. So heißt es in einem Schweizer Kindervers: »Zu leben in eurem Land / ist a gottlose Schand. / In unserm Land ist gut leben / die Schelmen wohnen daneben.«

Befremdliche Äußerungen I. Kants

Aber auch der große Aufklärer Immanuel Kant, Professor in Königsberg und bis zum heutigen Tage berühmt für sein kritisches Denkvermögen, hat sich in der zweiten Hälfte des 18. Jahrhunderts in seinen Vorlesungen zur »Physischen Geographie« höchst befremdlich über andere Völker geäußert. »Die Wilden dieses Landes sind gefährliche Menschenfresser«, sagt er über Brasilien, und von den nordamerikanischen Eskimos berichtet er: »Die Franzosen beschreiben sie als sehr abscheulich von Gesicht, als wild und boshaft an Sit-

Dieses affen-artige Geschöpf aus einer »Beschreibung von Africa 1668« soll ein »Waldmensch« sein. Spielt bei der Darstellung die Ablehnung alles Fremden eine Rolle?

ten. Sie geraten oft auf ihren Reisen in große Not, so daß sie sich ihre Weiber und Kinder zu fressen genötigt sehen.« Er schildert die Papua als häßlich und armselig und sagt von den Bewohnern der Molukken, sie seien faul, feige, hoffärtig, betrügerisch und lügenhaft. Auch die Mongolen kommen nicht viel besser davon: »Sie werden von den Chinesen stinkende Tartaren genannt wegen ihres üblen Geruchs.« Nach dem gleichen Schema werden bis in die Gegenwart hinein Aufrüstungsbemühungen in allen politischen Lagern

Ablehnung alles Unbekannten

Entwicklungsgeschichtlich betrachtet, hat das aggressiv getönte Abstandnehmen durchaus einen biologischen Sinn. Es trägt dazu bei, Menschengruppen voneinander zu trennen, sie in unterschiedlichen ökologischen Nischen anzusiedeln, in denen sie, unterschiedlich spezialisiert, nebeneinander existieren können, ohne ständig miteinander konkurrieren zu müssen. Problematisch wird diese Art der Anpassung erst heute, da wegen der Massenvermehrung der Menschheit kein »Niemandsland« zwischen den einzelnen Bevölkerungsgruppen mehr vorhanden ist und die Angst vor dem Nachbarn nicht zur Vermeidung von Konflikten beiträgt, sondern sie im Grunde erst heraufbeschwört.

damit begründet, daß der böse, gewalttätige, unberechenbare Nachbar womöglich einen Überfall plane, für den man als friedliebendes und harmloses Volk gewappnet sein müsse.

In einem Fernsehfilm über Niedersachsen sagte vor einigen Jahren eine Frau: »Ich möchte kein Rheinländer sein.« Nichts weiter. Kein unhaltbares Pauschalurteil über den leichtsinnigen und durchtriebenen Volkscharakter der Rheinländer generell, nur die schlichte Feststellung, sie möchte nicht zu denen gehören. Doch nicht von ungefähr hat das Wort Selbstgefälligkeit in der deutschen Sprache einen negativen Beiklang. Das scheinbar so harmlose Gefallen an sich selbst trägt schon – wie das erwachende Selbstbewußtsein des Kleinkindes – den Keim des Mißfallens in sich, das der andere in uns weckt, bloß weil er anders ist.

Übersteigerte Selbstgefälligkeit

»Warum hat der liebe Gott die Mosel zwischen Eifel und Hunsrück gesetzt? – Damit die Eifelbauern die Zivilisation auf der anderen Seite nicht zerstören können.« – »Warum bekommt man keine Telefonverbindung nach Ostfriesland? – Weil ab Oldenburg getrommelt wird.« Solche

Witze sind nicht weniger aggressiv als die Kannibalenwitze, und sie leben wie jene von der Selbstgefälligkeit, mit der man sich über die Dummheit und Primitivität der anderen erhebt.

Der Mittelpunkt des Universums?

Ablehnung alles Fremden

Die Ablehnung des Fremden, die bereits im Kind angelegt ist und von Erwachsenen häufig nur »gegen den Strich« mißbilligt wird, findet ihre Ergänzung in einer angeborenen Ichbezogenheit des Menschen, die sich offenbar auf beliebig große Bezugsgruppen erweitern läßt. Jakob von Uexküll, einer der »Väter« der vergleichenden Verhaltensforschung, hat als erster gezeigt, daß jedes Lebewesen sozusagen im Zentrum seiner spezifischen Umwelt sitzt und nur solche Gegebenheiten deutlich wahrnimmt, die für seine fundamentalen Bedürfnisse von Wichtigkeit sind. Er lehrte, daß Tiere mit Hilfe ihrer Sinnesorgane nur einen begrenzten Ausschnitt aus ihrer Umwelt erfassen, zum Beispiel Pflanzen oder Tiere, die ihnen zur Nahrung dienen, Nistplätze oder Material, das zum Nestbau geeignet ist, Artgenossen oder Raubfeinde. Die spezifische Umwelt des Menschen mag, seiner umfassenden Anpassungsfähigkeit entsprechend, weniger begrenzt sein als die der meisten Tiere – doch begrenzt ist sie auch.

»Bekanntlich reicht die Akkommodationsfähigkeit des menschlichen Auges nur von etwa acht bis zehn Metern«, schreibt Jakob von Uexküll 1928 in einem kleinen Aufsatz mit dem Titel »Gibt es ein Himmelsgewölbe?«. »Wir sind in der Lage, diese Begrenzung auszugleichen oder zu überschreiten durch Erfahrung und durch Ausnutzung der Entfernungsmerkmale, wie der Größe bekannter Gegenstände, der Überschneidungen und Halbschatten. Wir lernen auf diese Weise, die entfernteste Ebene noch etwas weiter hinauszuschieben, aber weiter als bis zum Horizont geht das nicht. Der Abstand der fernsten Ebene beträgt sieben bis acht Kilometer. Flieger geben an, daß in dieser Höhe, acht Kilometer über der Erde, diese sich zu einer halben Hohlkugel wandele, die an den Rändern in die Hohlkugel des Himmelsgewölbes übergehe. Demnach sind im Anschauungsraum die Gestirne des Himmels nicht weiter als sieben bis acht Kilometer von uns entfernt.«

Wie stark wir aller wissenschaftlichen Aufklärung zum Trotz bis zum heutigen Tage den Phänomenen verhaftet sind, die wir unmittelbar wahrnehmen, beweist zum Beispiel der Satz »Die Sonne geht auf«, mit dem wir, fünfhundert Jahre nach den revolutionierenden Einsichten von Nicolaus Copernicus, die Tatsache umschreiben, daß sich die Erde von neuem in den Strahlungsbereich der Sonne gedreht hat. Wir halten wider besseres Wissen immer noch die Erde für das Zentrum des Universums, und auf dieser Erde erscheint uns wiederum unsere fernere und engere Heimat unproportional groß im Vergleich mit fremden Ländern.

Menschlicher Größenwahn

Der Kulturanthropologe Wilhelm Emil Mühlmann berichtet, man habe dem Sultan von Marokko nur Globen zeigen dürfen, auf denen sein eigenes Reich vier Fünftel der Erdoberfläche bedeckte. Und so wie Menschen sich selbst als Maßstab für menschliches Aussehen und menschliches Benehmen betrachten, so halten sie auch ihr Haus, ihr Dorf, ihre Stadt oder ihr Land für den Mittelpunkt des Universums.

Die Weltbilder archaischer Gesellschaften lassen sich in aller Regel in konzentrischen Kreisen zeichnen, die einen gemeinsamen Mittelpunkt haben. Hier stehen die wahren Menschen – die Inuit, Kung, Bantu oder wie immer der jeweilige Ausdruck für Menschen lautet –, und sie leben in ihrem von Gott eigens für sie geschaffenen Land

Die Tuaregs führen als Nomaden ein unstetes Leben. Doch während sie von seßhaften Menschen als Gesindel verachtet werden, erscheint ihnen dieses Wanderdasein als das einzig wahre Leben.

auf die einzig menschenmögliche Weise. Wenn sie Jäger sind, verachten sie die Bauern, und wenn sie Bauern sind, betrachten sie die nicht seßhaften Nachbarn, Jäger, Wanderhirten oder Händler, als unzuverlässiges Gesindel. Dem inneren, wohlgeordneten Kreis der eigentlichen Menschenwelt schließt sich eine Region an, in der weniger gut bekannte, aber immerhin noch menschliche Wesen in unwirtlichen Wäldern oder Wüsten leben. Diese Fremden braucht man, um mit ihnen Krieg zu führen und Frauen auszutauschen.

»Wir heiraten unsere Feinde«, heißt es bei zahlreichen archaischen Völkern, die strenge Exogamie-(Außenheirats-)Regeln befolgen und damit eine biologisch vorgegebene Barriere gegen Inzucht zum Gesetz gemacht haben. Auf den Kreis des halbwegs Bekannten folgt in archaischen Weltbildern eine Randzone, an die sich das Ende der Welt anschließt – ein Meer, ein Abgrund, ein Urwald oder eine Wüste. Dieser äußere Kreis ist die Heimat des Wunderbaren und Fabelhaften. Hier wohnen Götter oder Gespenster, Tier- und Totenseelen, Heilbringer, Ungeheuer, unsterbliche Helden – all die Verkörperungen des Chaos, die dazu beitragen, der Ordnung, dem Recht und der Sicherheit im Zentrum der Menschenwelt ihren eigentlichen Glanz zu verleihen.

Besänftigende Rituale

Wir haben im Kapitel über das Revierverhalten gesehen, welchen Einfluß Revierbesitz auf die körperliche Kraft und die soziale Stellung vieler Tiere ausübt. Dasselbe Phänomen läßt sich bei Menschen beobachten, nicht nur als spontan auftretendes Verhalten, sondern sozusagen festgelegt in den unterschiedlichsten kulturellen Äußerungen, in den Grundrissen menschlicher Siedlungen, in Mythen und Tänzen, in Ritualen der Grenzüberschreitung.

Ortsgebundene Tiere und Menschen fühlen sich im Zentrum ihres Reviers, in ihrer Höhle, ihrem Nest oder ihrem Haus, am sichersten, und sie verteidigen sich dort am heftigsten, falls sie dort überhaupt angegriffen werden. Mit zunehmendem Abstand von diesem sicheren und kraftvermittelnden Zentrum werden sie immer vorsichtiger, zögernder und ängstlicher. Menschen haben eine angeborene Scheu, fremde Häuser, Dörfer oder Gärten zu betreten, und der Eintritt in fremde Reviere findet normalerweise nicht ohne vorherige Ankündigung und nicht ohne beschwichtigende Rituale statt. Man sendet Boten voraus, man schwenkt schon von fern grüne Zweige oder winkt mit offenen Händen, um zu de-

Scheu vor fremden Revieren

Am Stammtisch kann jeder zeigen, was für ein toller Kerl er ist. Imponiergehabe und Selbstdarstellung sind hier gern geübte Verhaltensweisen.

monstrieren, daß man keine Waffen trägt, man bringt Geschenke mit und spricht Segen erflehende Formeln – auch unser »Guten Tag« gehört dazu.

Was immer an mündlich überlieferten oder schriftlich fixierten Umgangsformen den geselligen Verkehr zwischen Menschen regelt, beruht auf angeborenen Verhaltensdispositionen, typischen Verhaltensmustern und auslösenden Signalen. Am Gruß, dieser flüchtigsten und unverbindlichsten Form der Verbindlichkeit, läßt sich ermessen, zu welcher Vielfalt kultureller Gestaltungen schon ein scheinbar simpler, nicht unbedingt lebenswichtiger Verhaltenskomplex führen kann.

Begrüßungszeremonien

Der Gruß ist uns so selbstverständlich, daß wir ihn schon beinahe unbewußt austauschen. Verhaltensforscher unterscheiden zwischen Kontakt- und Distanzgruß – also Händedruck, Umarmung oder Kuß auf der einen und Winken, Kopfnicken oder Augengruß auf der anderen Seite. Ein Au-

Jede Gesellschaft kennt bestimmte Begrüßungszeremonien. Die brüderliche Umarmung unter Staatsmännern soll die Gleichrangigkeit betonen.

Der Händedruck unter Geschäftsfreunden ist – mehr als bloße Begrüßung – Ausdruck einer partnerschaftlichen Beziehung.

Offizielle Grußrituale laufen häufig nach starrem militärischen Reglement ab und wirken deshalb oft seltsam steif.

gengruß kann so unauffällig sein, daß niemand ihn wahrnimmt außer den beiden, die sich durch offenes Anschauen, verbunden mit einem leichten Heben der Augenbrauen, begrüßen, und ein Nikken kann so flüchtig sein, daß es scheinbar nicht ins Gewicht fällt – und doch haben Menschen sich schon duelliert, weil einer den Gruß nicht beachtet hat, und Verfolgte konnten ihr Leben retten, weil es ihnen gelang, einen ihrer Feinde zur Erwiderung ihres Grußes zu provozieren.

In der Regel grüßt der Rangniedere zuerst, also das Kind erwachsene Mitbewohner eines Hauses, der Schüler den Lehrer, der Gefreite den Hauptmann, und im gleichen Sinne grüßt der vorüberziehende Fremde die Einheimischen, denen er be-

gegnet. Die Reaktion darauf kann weitreichende Folgen haben. »Die Erwiderung des Grußes ist«, wie Irenäus Eibl-Eibesfeldt in seinem Buch »Liebe und Haß« schreibt, »eine wichtige Bestätigung der Kontaktbereitschaft und enthält bis zu einem gewissen Grade eine Verpflichtung. Daher ist ein erwiderter Gruß meist eine Garantie der Sicherheit. Wenn ein Fremder allein durch das Gebiet der Rwala-Beduinen reist, dabei das Territorium eines ihm unbekannten Stammes passiert und dort jemanden grüßt – und sei es auch nur ein kleines Mädchen – und dieser Gruß auch erwidert wird, dann kann er sicher sein, daß er weder angegriffen noch beraubt wird. Erwachsene Beduinen sind aus diesem Grunde sehr vorsichtig beim Erwidern eines Grußes.«

Grußzeremonien spiegeln häufig soziale Rangunterschiede wider. Während die Herrscherin nur ein leichtes Nicken andeutet, sinkt der Untertan ergeben zu Boden.

Zu umfangreichen Zeremonien ausgebaut ist in vielen Gesellschaften die Begrüßung und spätere Verabschiedung eines Gastes. Imponierende Zurschaustellung der eigenen Macht und Herrlichkeit gehört hierher, aber auch der deutliche Hinweis, daß man seine Stärke nicht ausspielen wird. Der Gast wird feierlich geleitet, an die Hand genommen, bedient, nach seinen Wünschen gefragt, in

Sänften getragen, beschenkt, mit Speise und Trank bewirtet, und die weitgehende Passivität, die dabei verlangt wird, unterstreicht seine Abhängigkeit vom guten Willen der Gastgeber.

Die Initiation

Überhaupt scheinen Feste, auch wo sie zu Ehren einzelner veranstaltet werden, in erster Linie dazu da zu sein, das Gemeinschaftsgefühl zu stärken und die Bindungen zwischen den Individuen deutlich herauszustellen. Zu den eindrucksvollsten Beispielen dieser Art Feste gehört die bei nahezu allen archaischen Völkern übliche Initiation,

Anklänge an die Initiationsriten der Naturvölker finden sich bei uns noch in der Konfirmation.

die offizielle Aufnahme der Jugendlichen in den Kreis der »vollwertigen«, erwachsenen Mitglieder der jeweiligen Gemeinschaft. Anklänge an dies Ereignis finden sich hierzulande noch in der Konfirmation und in den allmählich aussterbenden Ritualen, mit denen angehende Handwerker nach Abschluß ihrer Lehrzeit zu Gesellen gemacht werden.

Wichtigster Bestandteil der Initiation ist die Prüfung der jungen Leute. Sie kann von lebensgefährlichen Mutproben über den Nachweis handwerklicher Geschicklichkeit bis zum Abfragen von Wissensstoff reichen, und wer hier versagte, hatte allen vorhandenen Anzeichen zufolge nicht die Möglichkeit, die Prüfung im nächsten Jahr zu wiederholen. Denn die Initiation diente unter an-

In einem Initiationsritus der Australier werden den Knaben anhand von Sandzeichnungen Ereignisse der mythischen Vorzeit erklärt.

derem als soziales Ausleseverfahren. Man kann annehmen, daß die Anforderungen an den Nachwuchs je nach der Härte der Lebensbedingungen variierten. Wie bei der Entscheidung, ob man ein regelwidrig geborenes Kind am Leben lassen oder töten sollte, haben sicher auch hier wirtschaftliche oder bevölkerungspolitische Erwägungen eine Rolle gespielt. Es waren bezeichnenderweise nicht die Eltern der Initianden, die darüber zu befinden hatten, wer zu welchem Zeitpunkt und unter welchen Bedingungen initiiert wurde. Das manchmal monatelang dauernde Ritual spielte sich in der Wildnis ab, an einem geheimgehaltenen Ort, an dem zu erscheinen den Müttern der Jugendlichen bei Todesstrafe verboten war.

Gestorben und wiedergeboren

Wer die Initiation erfolgreich hinter sich gebracht hatte, wurde von der Dorfgemeinschaft als einer begrüßt, der gestorben und wiedergeboren war und durch diesen Prozeß seine menschliche Reife erlangt hatte. Er kehrte nicht wieder in das Haus seiner Eltern zurück, sondern bewohnte bis zu seiner Heirat ein Jungmännerhaus, der Aufsicht, aber auch der Geborgenheit entzogen, die ihm die Familie bisher geboten hatte. Die Gruppe der jungen Männer war es, die anfallende Händel mit Nachbardörfern erledigte, Neuland eroberte, auf Jagdzügen in unbekanntes Gebiet vordrang. Man fühlt sich sicher nicht zufällig an die Behandlung und das Verhalten der jungen Männer in Affenhorden erinnert, die an den Rand ihres Gebiets verbannt werden, bis ihr jugendlicher Tatendrang einigermaßen abreagiert ist und sie, durch Kämpfe und Unfälle zahlenmäßig etwas reduziert, nach und nach die Plätze der im Schoße der Gesellschaft Etablierten einnehmen.

In den modernen Massengesellschaften erscheint dasselbe Phänomen in etwas anderer Gestalt. Die noch im vorigen Jahrhundert üblichen Lehr- und Wanderjahre junger Handwerker oder Studenten sind zwar aus der Mode gekommen

Literaturhinweise:

Eibl-Eibesfeldt, Irenäus: *Der vorprogrammierte Mensch.* Wien/München/Zürich 1973

Eibl-Eibesfeldt, Irenäus: *Menschenforschung auf neuen Wegen,* Wien/München/Zürich 1976

Koenig, Otto: *Kultur und Verhaltensforschung,* München 1970

Lorenz, Konrad: *Über tierisches und menschliches Verhalten,* 2 Bde., München 1965

Maler-Sieber, Gisela: *Das Verhalten des Menschen,* Gütersloh/Berlin 1968

Thews, Klaus H.: *Verhaltensforschung, die uns angeht,* Gütersloh/Berlin 1972

und Ausbildung und Studium am Heimatort setzen sich als weniger risikobehaftet durch, doch den Kriegsdienst für junge Männer gibt es nach wie vor, und die typische Jugendwanderlust bricht sich in der Freizeitgestaltung Bahn. Die zunehmende Motorisierung vermittelt auch denen, die abends nach Hause zurückkehren müssen, das Rauscherlebnis weiter und gefährlicher Fahrten, und der Wunsch nach echter Ortsveränderung läßt sich in einer vom Massentourismus geprägten Zeit für wenig Geld in den Ferien verwirklichen. Der eigentliche Sinn der programmierten Jugendwanderlust, nämlich die riskante Erschließung neuer Lebensräume als biologisches Ausleseverfahren, geht dabei natürlich verloren.

Rangpositionen und Rollenverhalten

»Erfahrenheit« ist trotzdem eine wichtige Voraussetzung dafür geblieben, höhere Rangpositionen in einer Gesellschaft einzunehmen, und wenn es sich irgend machen läßt, ist der Ranghohe zumeist noch ein Mann. Die Gesellschaften, in denen Frauen hohe Ämter bekleiden, sind absolut in der Minderzahl, und selbst wo Frauen von Natur aus eine starke Position haben, in der Familie und in Berufen, die mit Kindererziehung oder Krankenpflege zu tun haben, stellen Männer im allgemeinen das repräsentative Oberhaupt.

Männliche Dominanz

Auch bei uns ist, der proklamierten Gleichberechtigung der Geschlechter zum Trotz, das tägliche Leben von männlicher Dominanz bestimmt. Männer sind Piloten, Bundeskanzler, Abteilungsleiter, Professoren, Chefärzte, Dirigenten oder Vorarbeiter. Frauen sind in den gleichen Berufszweigen Stewardessen, Sekretärinnen, Verkäuferinnen, wissenschaftliche Hilfskräfte, medizinisch-technische Assistentinnen, sie spielen im Orchester die zweite Geige und arbeiten in der Fabrik als Handlangerinnen in der untersten Lohngruppe.

Die Tatsache, daß gelegentlich doch einmal eine Frau Regierungschefin oder Abteilungsleiterin werden kann, beweist andererseits, daß kulturelle Normen, auch wo sie auf angeborene Verhaltensdispositionen zurückgehen, nicht unumstößlich sind. Bis allerdings die Ausnahmen den Charakter von Normen annehmen, braucht es

Gleichberechtigung?

Gesellschaftlicher Rang hängt weder von der Intelligenz noch von den sozialen Qualitäten eines Menschen ab. Er hat erstaunlich wenig damit zu tun, was einer für die Gesellschaft leistet. Viel wichtiger sind imposantes Auftreten, Kraft, Macht, Reichtum und die Fähigkeit, sich viele Anhänger zu erwerben und zu halten. Das Naturgesetz vom Recht des Stärkeren spielt bis in die abstraktesten gesellschaftlichen, philosophischen und religiösen Konstruktionen hinein, und das gilt keineswegs nur für archaische Kulturen.

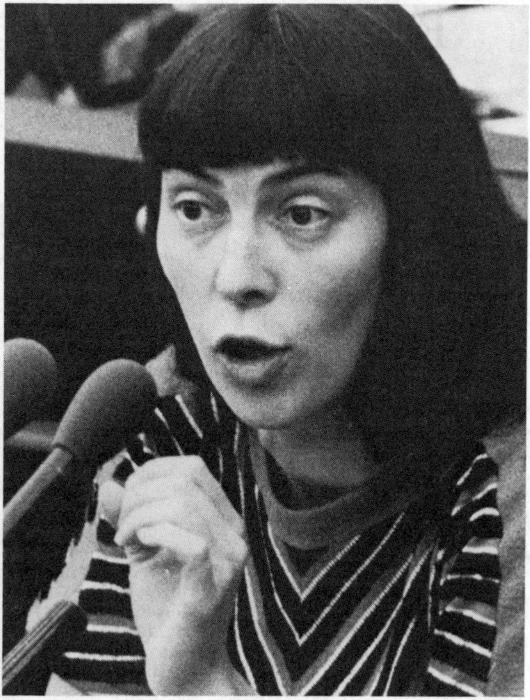

Trotz proklamierter Gleichberechtigung der Geschlechter bilden Frauen am Rednerpult im Deutschen Bundestag nach wie vor die seltene Ausnahme.

mehr als ein oder zwei Generationen fortschrittsfreudiger Individuen. Die biologischen Unterschiede, die dem männlichen und weiblichen Rollenverhalten zugrundeliegen, werden durch technische Errungenschaften nicht gleich aufgehoben. Und vielleicht liegt in der sehr langsam voranschreitenden Annäherung zwischen männlichem und weiblichem Rollenverständnis, im Versuch, den Reiz der Extreme zugunsten eines breiteren, doppelwertigen Mittelfeldes abzubauen, eine größere Chance als in der pragmatischen Durchsetzung eines zweifelhaften Anspruchs auf Gleichbehandlung der Geschlechter.

Register

Kursive Ziffern verweisen auf Abbildungen, [K] auf Informations-Kästchen

Abbildungsnachweis

Toni Angermayer, Holzkirchen/Tierpark Hellabrunn (20) – Köster (1) – Mönch (2) – Pfletschinger (22) – Reinhard (6) – Schützenhofer (1) – Ziesler (10); Anthony-Verlag, Starnberg – Feiler (1) – Kroehnert (1) – Moes (1); The Associated Press GmbH, Frankfurt (1); Bavaria-Verlag, Gauting (1) – Dietrich (1) – Geiges (2) – Krebs (1) – Niestlé (1); BIPS, Hamburg (1); Vincent Böckstiegel, Werther (1); Dr. Lincoln P. Brower, Dept. of Biology, Amherst College, Amherst (3); Arthur Christiansen, Rödovre (4); Deutsches Institut für Filmkunde, Wiesbaden (1); dpa, Düsseldorf (18); Prof. Dr. I. Eibl-Eibesfeldt, Percha (3); Hermann Eisenbeiss, München (6); S. Fischer Verlag, Frankfurt – aus Dapper, Umbständliche und eigentliche Beschreibung von Africa anno 1668, Steingrüben Verlag, 1964; Sven Gillsäter, Stockholm (2); Gerhard Grau, Stuttgart (1); Arnim Haße, Berlin (4); Eric Hosking, London (1); Jacana, Paris – Coujean (1) – Jouve (1) – Prevost (1) – Robert (1); Dr. Jesse, Köln (1); Gerold Jung, München (2); H. Kacher (1); Rainer Kakuska, Weinheim (1); Sibylle Kalas, Pöndorf (2); Gerty Kaufmann, Köln (1); Keystone Bildarchiv, Hamburg (1); laenderpress, Düsseldorf (4) – Cartier-Bresson (1) – FPG (1); LEXIKOTHEK Verlag GmbH, Gütersloh (2); Thomas Maler, Pronstorf (2); Aldo Margiocco, Campomorone (1); Mauritius, Mittenwald – Rossenbach (1) – Sin-Pfältzer (1); Kornelia Morgan, Hamburg (1); Museum of the American Indian, New York (1); Maria Otte, Melle (1); Fritz Pölking, Münster (1); Pontis-Photo, München (1) – Lebeck (1); Paul Popper, London (1); Presse- und Informationsamt der Bundesregierung, Bundesbildstelle, Bonn (1); roebild, Frankfurt (1) – Müller (2); Friedel Schöx, Ebersberg (3); Walter Sittig, Hann. Münden (1); STERN, Hamburg (5) – Döring (1) – Gronefeld (5) – Heidemann (1) – Michael (1); Tierbilder Okapia KG, Frankfurt (3); Ullstein GmbH Bilderdienst, Berlin (2); ZEFA, Düsseldorf – Benjamin (1) – Fahrner (1) – Sirena (1); Dr. Erik Ziemen, Waldhäuser (2).